This book is your key to realms where dreams unfold beyond imagining.
（钥启悠船·鲸海栓梦）

——Kostas Terzidis

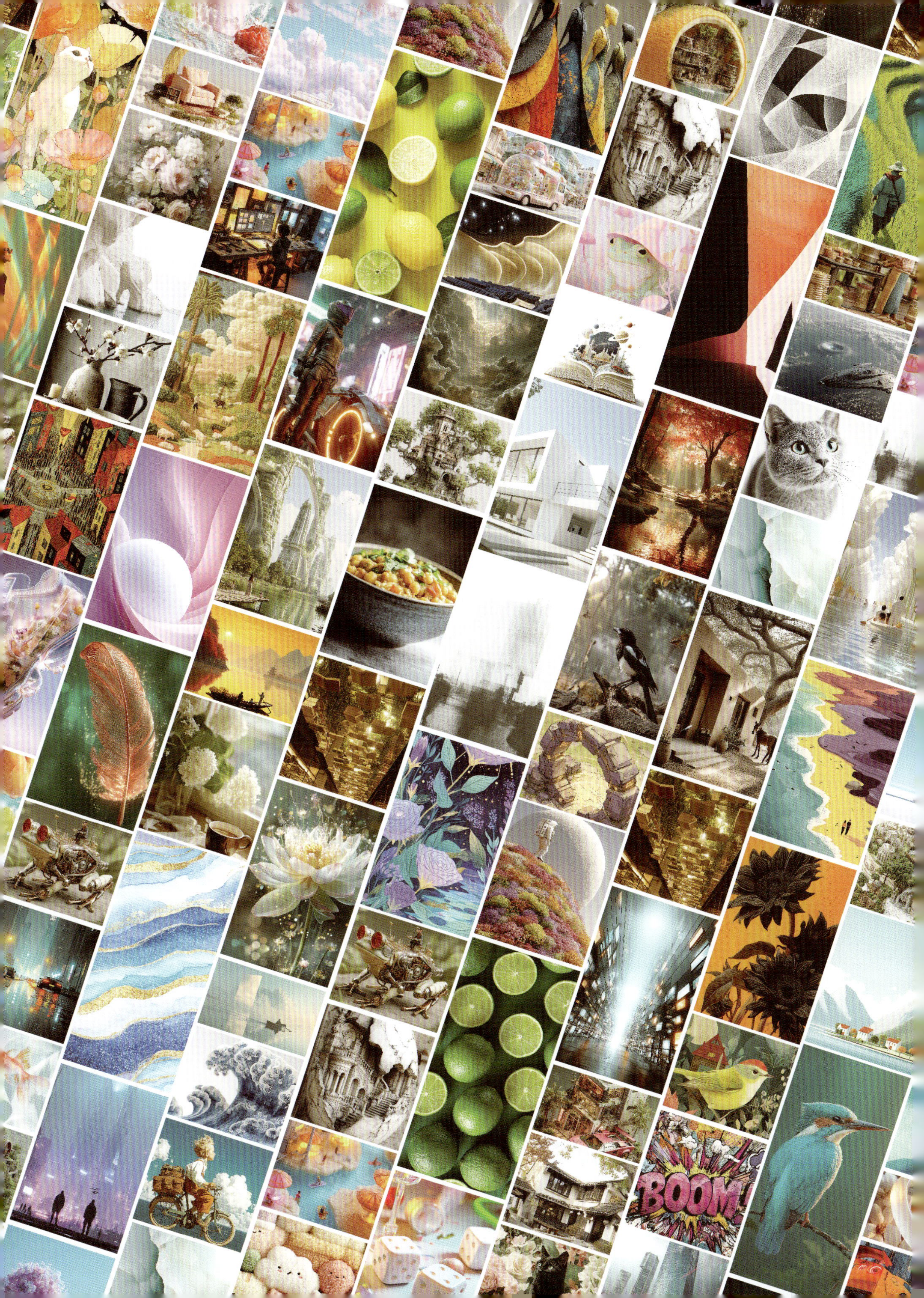
BOOM

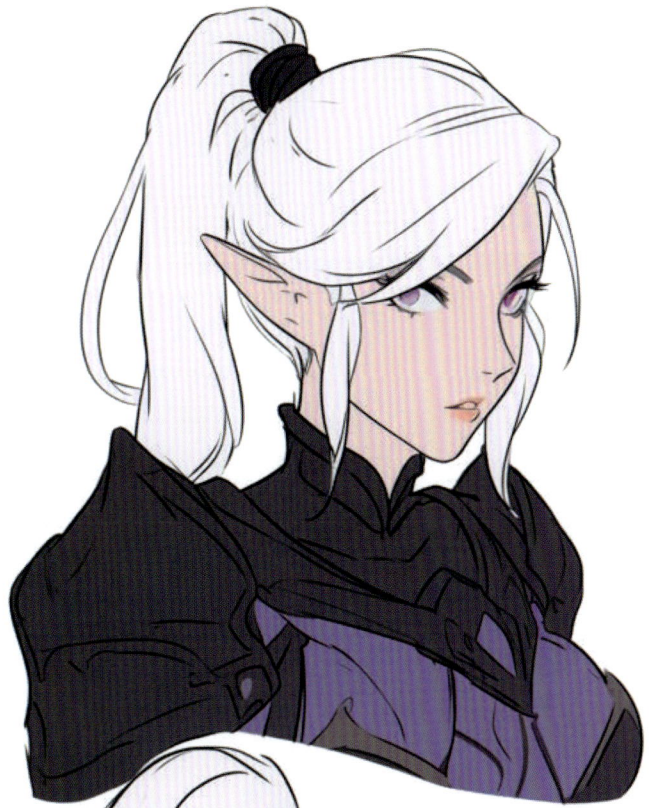

Midjourney
官方教程
从基础到商业应用

Midjourney 中国实验室 主编
李艮基 编著

人民邮电出版社
北　京

图书在版编目（CIP）数据

Midjourney 官方教程：从基础到商业应用 /
Midjourney 中国实验室主编 ；李艮基编著. -- 北京：
人民邮电出版社，2025. -- ISBN 978-7-115-66708-3

Ⅰ. TP391.413

中国国家版本馆 CIP 数据核字第 2025RC1156 号

内 容 提 要

　　本书为 Midjourney 官方推出的 Midjourney 入门指南。全书共 4 章，第 1 章带领读者认识 Midjourney 并初步体验生成作品的乐趣，第 2 章根据使用频率依次介绍提示词中的指令，第 3 章同样按照使用频率由高到低的顺序介绍提示词中的参数，第 4 章展示应用 Midjourney 的精彩商业案例。此外，本书还提供精彩的视频讲解，不仅能降低初学者学习 Midjourney 的难度，还能让设计者打开思路、实现商业变现。

　　本书适合对 AI 图像创作感兴趣的读者阅读。无论是初学者，还是已有基础的设计师，都能从本书中获得实用的操作参考。

◆ 主　　编　Midjourney 中国实验室
　　编　　著　李艮基
　　责任编辑　卜一凡
　　责任印制　王　郁　焦志炜

◆ 人民邮电出版社出版发行　　北京市丰台区成寿寺路 11 号
　　邮编 100164　　电子邮件 315@ptpress.com.cn
　　网址 https://www.ptpress.com.cn
　　北京九天鸿程印刷有限责任公司印刷

◆ 开本：787×1092　1/16　　　　　彩插：2
　　印张：9　　　　　　　　　　　2025 年 7 月第 1 版
　　字数：152 千字　　　　　　　　2025 年 7 月北京第 1 次印刷

定价：89.80 元

读者服务热线：(010)81055410　印装质量热线：(010)81055316
反盗版热线：(010)81055315

推荐语

作为一名深耕数字艺术领域的创作者，我深知技术革新对创作的重要性。如今，AI 技术正如火如荼地发展，它不仅催生了 AI 生成艺术，更重塑着我们对"创造"的理解。本书系统性地梳理了 Midjourney 的知识体系，并辅以丰富的商业案例，极具参考价值。强烈推荐！

——数字艺术家、独立设计师、数字家具品牌 EndlessForm 创始人

张周捷

本书系统讲解了 Midjourney 的使用方法，并通过丰富的商业实战案例，生动地展示了 AI 视觉生成技术在宣传美术中的应用，内容清晰，逻辑严谨。无论是渴望快速入门的新手，还是寻求灵感突破与效率提升的专业设计师，都能从本书中获得宝贵的启示和指导。

——平面设计师、B 站 2021 百大 UP 主　oooooohmygosh（陈相因）

本书从准备工作、指令、参数到商业案例，是一本系统且实用的 Midjourney 指南。技术应为创意服务，本书正是连接技术与创意的桥梁。每位设计师都应案头常备，让创作插上技术的翅膀。在这个视觉为王、创意制胜的时代，本书不仅是学习指南，更是商业价值的放大器，值得每位视觉创作者珍藏并反复研读。

——湃青年（厦门）教育科技有限公司创始人　吴思晓

本书是我近期在 AI 教育领域发现的实用性非常强的宝藏教程！它不仅系统讲解了 Midjourney 从入门到精通的全套技术，更难能可贵的是它将艺术思维与商业应用紧密结合，帮助读者在 AI 时代用创意创造价值，实乃数字艺术从业者的案头常备书！

——阿里巴巴原设计专家、安踏 / 斐乐 / 迪桑特 / 特步 / 乔丹等多家公司 AI 导师　Sky

本书适合作为高校学子的 Midjourney 实战指南。本书采用场景化教学模式，通过多个商业级案例的深度拆解，将复杂的 AI 绘图技术转化为可落地的实用技能。无论是海报设计、盲盒设计还是样机制作，都能让你迅速上手，精准对接青年创客的实际需求。本书将帮助读者轻松驾驭前沿 AI 工具，释放无限创意潜能。即使是零基础用户也能快速掌握 AI 绘画的底层逻辑。

——北京漂洋过海科技有限责任公司董事长、大学通品牌创始人　张智良

前言

当每个人都真正掌握了工具时，所爆发出的创造力远超我们的想象。

在这个人机协作的新时代，艺术创作的模式正在经历根本性转变。在 AI 绘画领域，认知与实践的融合、技术与艺术的平衡显得尤为重要。本书不仅为初学者指明了清晰的成长路径，更满足了专业创作者的需求，同时为读者提供了丰富的设计思路和灵感。

在这里，我将分享实用的技巧和经验，详细而精准地介绍 Midjourney 的指令、参数和商业案例，深入探讨 AI 在设计领域的潜力。全书涵盖了海报设计、电商设计和盲盒设计等多个领域，指导读者高效地使用 Midjourney 生成多样化图像，并将这些图像精准运用于实际的商业设计项目。

在撰写本书的过程中，我始终秉持实用、系统、全面的原则。希望本书不仅能作为读者学习 Midjourney 的指南，更能为你们的创意探索之旅助力，从而将真实而独特的创意转化为绚丽的视觉作品。

本书不仅是一本 AI 绘画的操作手册，还是一张将读者引领至"宝藏"的地图。我相信创作的意义蕴含在创作的过程之中，希望本书能够帮助读者在 Midjourney 的世界中找到属于自己的创意之路，使用有限的工具创造出无限的价值。

工具不过是通往最终价值的桥梁，人不能永远停留在桥上。请记住，本书并非提供标准答案，而是要与读者共同激发创造力。

技术会变，创造力永远鲜活。

李艮基

2025 年 3 月

目录

第 1 章

准备工作

1.1 Midjourney简介

Midjourney 是一款实用的 AI 图像生成工具。用户只需要输入文字描述，Midjourney 就能在一分钟内生成对应的图像。该工具由 Discord 社区推出，并迅速成为人们讨论的焦点。用户可通过 Midjourney 生成不同画家（如安迪·沃霍尔、达·芬奇、达利和毕加索等）艺术风格的作品，还能识别特定的镜头等摄影术语。

2022 年 3 月，Midjourney 首次亮相。2022 年 8 月，V3 版本推出。2023 年，V5 版本成功"出圈"。2023 年 4 月，Midjourney（人工智能图像生成器公司）入选了 2023 年"福布斯 AI 50"榜单。2023 年 5 月 15 日，Midjourney 官方中文版开始内测，搭载在 QQ 频道上。2024 年 8 月，推出网页版。

Midjourney 的创始人大卫·霍尔茨（David Holz）（见图 1-1），曾创立专注于跟踪技术的公司 Leap Motion，后来转向 AI 生成艺术领域。Midjourney 的宗旨是将 AI 视为人类想象力的延伸，而不是现实世界的复刻。公司通过付费订阅的商业模式实现盈利，向用户提供不同档次的订阅服务。Midjourney 最早源于对生成对抗网络（Generative Adversarial Network，GAN）和深度学习技术的探索。GAN 由伊恩·古德费洛（Ian Goodfellow）及其团队在 2014 年提出，通过两个神经网络（生成器和判别器）

图1-1 David Holz

的对抗性训练，能够生成逼真的图像。随着 GAN 技术的不断成熟，研究人员开始思考如何将其应用于实际的图像生成任务，这为 Midjourney 的诞生奠定了基础。

展望未来，Midjourney 将继续在人工智能和图像生成领域保持创新。随着技术的进一步发展，Midjourney 有望在更多行业和应用场景中发挥作用。无论是在广告设计、游戏开发，还是在教育和科研领域，Midjourney 都将为用户提供更强大的工具，帮助用户实现更多创意和灵感。

1.2　Midjourney的设置与使用

1.2.1　成为Midjourney付费会员

目前，Midjourney 只能通过付费使用，官方共提供了 4 种付费计划，如图 1-2 所示。

	基础计划	标准计划	Pro计划	Mega计划
每月订阅费用	10 美元	30 美元	60 美元	120 美元
年度订阅费用	96 美元 （8 美元/月）	288美元 （24 美元/月）	576 美元 （48 美元/月）	1152 美元 （96 美元/月）
快速 GPU 时间	3.3 小时/月	15 小时/月	30 小时/月	60 小时/月
放松 GPU 时间	-	无限	无限	无限
购买额外的 GPU 时间	4美元/小时	4美元/小时	4美元/小时	4美元/小时
在直接消息中单独工作	✓	✓	✓	✓
隐形模式	-	-	✓	✓
最大并发作业数	3 个快速作业 10 个作业在队列中等待	3 个快速作业 10 个作业在队列中等待	12 个快速作业 3 个轻松作业 10 个队列中的作业	12 个快速作业 3 个轻松作业 10 个队列中的作业
对图像进行评分以获得免费 GPU 时间	✓	✓	✓	✓
使用权	一般商业条款*	一般商业条款*	一般商业条款*	一般商业条款*

图1-2　4种付费计划（具体价格以付费订阅时为准）

4 种计划的主要区别是 Midjourney 的作图时间不同，生成图像的质量都是一样的。对 4 种计划的简要对比如下。

> ▶ **基础计划**：每月快速模式下，共有近 200 分钟的作图时间，大约可生成 200 张图像，支持 3 张图像并发快速作业。
> ▶ **标准计划**：每月快速模式下，共有 15 小时的作图时间，大约可生成 900 张图像，支持 3 张图像并发快速作业。
> ▶ **Pro 计划**：每月快速模式下，共有 30 小时的作图时间，大约可生成 1800 张图像，支持 12 张图像并发快速作业，且带隐形模式。
> ▶ **Mega 计划**：每月快速模式下，共有 60 小时的作图时间，大约可生成 3600 张图像，支持 12 张图像并发快速作业，且带隐形模式。

具体选择哪种计划，请读者根据需要考虑。

1.2.2 注册Discord账号

Discord 是一款专为社群设计的免费的网络实时通话软件，主要针对游戏玩家、教育界人士及商界人士，在 Microsoft Windows、macOS、Android、iOS、Linux 和网页上运行。用户可以在软件的聊天频道通过文字、图片、视频和音频进行交流。Midjourney 搭载在 Discord 里，读者可以将 Discord 理解为计算机，Midjourney 是 Discord 里的一款程序。接下来，本节分享一种较为简单的注册 Discord 账号的方法。

首先，打开 Discord 官网，如图 1-3 所示。

图1-3　Discord官网

读者根据所用操作系统进行下载即可，不同系统下 Discord 的操作界面和功能都是相同的。单击"登录"按钮即可进入登录界面，如图 1-4 所示。

如果读者已有 Discord 账号，直接登录即可。如果没有，单击登录界面中的"注册"，进入注册页面，根据页面要求填入电子邮箱、用户名、密码等信息。这里需要注意的是，年龄必须选择 18 周岁以上。输入注册信息后，单击"继续"。此时会弹出验证程序，如图 1-5 所示。

图1-4　Discord登录界面

图1-5　验证程序

选中图 1-5 中的"我是人类"复选框，然后根据提示完成验证即可。

1.2.3　创建自己的服务器

完成人机验证后，就会进入创建服务器界面，如图 1-6 所示。

图1-6　创建服务器

如果读者收到了 Discord 的其他用户的邀请链接，可以单击创建服务器界面最下方的"加入服务器"，加入其他人已经创建好的服务器。如果读者想创建自己的服务器，单击该界面中的"亲自创建"，在新打开的界面中单击"仅供我和我的朋友使用"，进入自定义服务器界面，如图 1-7 所示。

图1-7　自定义服务器

　　单击"UPLOAD"，上传一张自己喜欢的图像作为服务器账号的头像。单击下方输入框，自定义服务器名称，然后单击"创建"按钮，就会进入 Discord 主界面，顶部会提示验证邮箱的信息，此时需要读者去刚刚注册时所使用的邮箱中查找 Discord 发送的验证邮件，并单击"验证电子邮件地址"按钮，如图 1-8 所示。

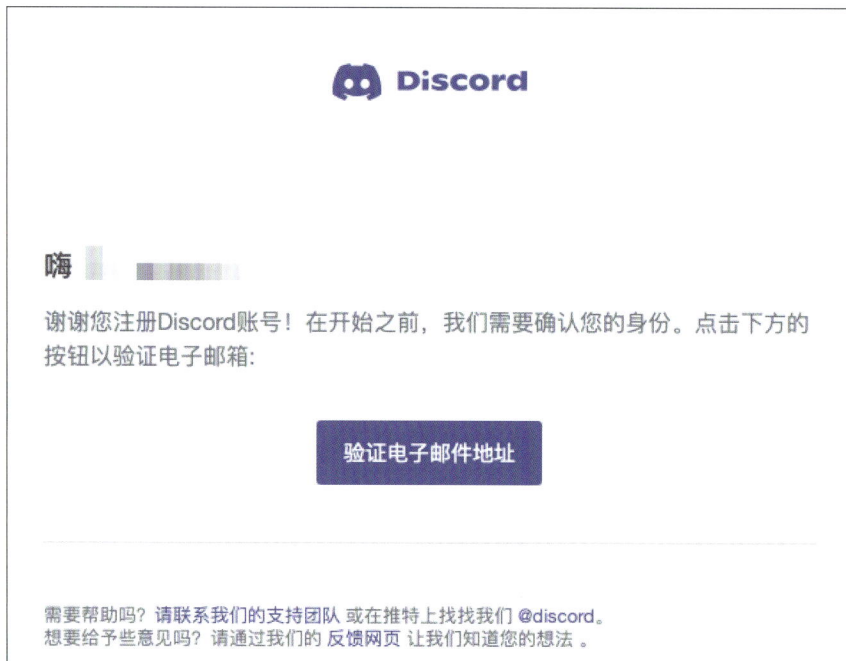

图1-8　邮箱验证

验证成功的提示如图 1–9 所示。

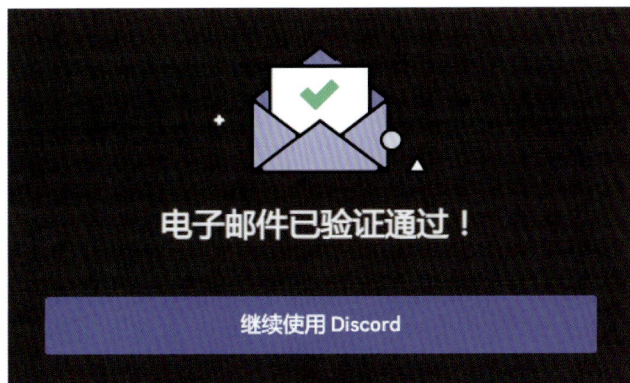

图1–9　验证成功

至此，读者已顺利在 Discord 上创建了自己的服务器。

1.2.4　添加Midjourney频道

创建完自己的服务器后，还需要将 Midjourney 机器人添加到刚创建好的服务器。单击图 1–9 中最下方所示的"继续使用 Discord"就可以跳转到本地安装好的 Discord 程序，如果没有跳转，请读者手动打开安装好的 Discord 程序。

在 Discord 主界面中，单击左上方的 按钮，会进入 Discord 社区的发现界面，如图 1–10 所示。

图1–10　Discord社区的发现界面

Midjourney 是 Discord 中使用率较高的应用，因此排名一般靠前。如果读者没有看到 Midjourney，则在图 1-10 所示界面的搜索框中输入 Midjourney 进行搜索。单击图 1-10 中标记 1 处的卡片，进入 Midjourney 服务器。

　　初次进入 Midjourney 服务器，会弹出话题推荐，如图 1-11 所示，单击"我就是随便逛逛"后，回到 Midjourney 服务器，顶部出现"加入 Midjourney"按钮，如图 1-12 所示。

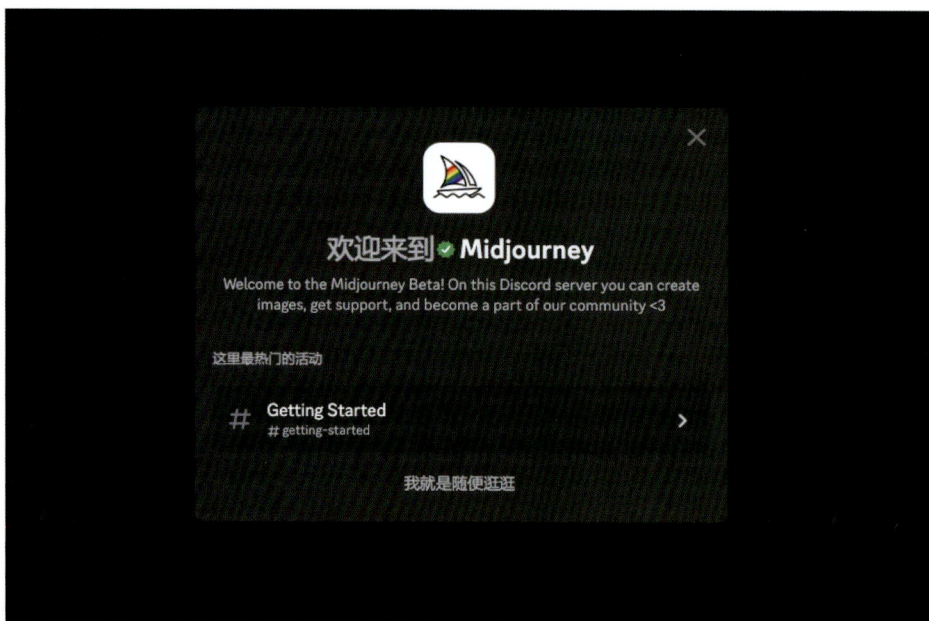

图1-11　初次进入Midjourney服务器的界面

图1-12　"加入Midjourney"按钮

　　单击"加入 Midjourney"按钮后，读者需根据要求完成人机验证。加入 Midjourney 后，单击界面右上方的"显示成员名单"按钮，如图 1-13 所示。在弹出的成员列表中找到 Midjourney Bot，如图 1-14 所示。单击 Midjourney Bot 后，在弹出的界面中单击"添加至服务器"，如图 1-15 所示。完成添加至服务器后，会弹出选择服务器界面，如图 1-16 所示。

图1-13　"显示成员名单"按钮

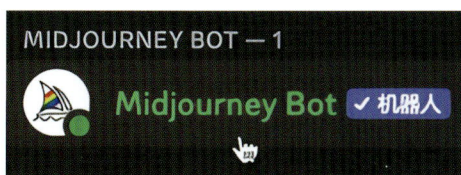

图1-14 Midjourney Bot

先单击图 1-16 中标记 1 处的下拉框，选择创建好的服务器，例如笔者创建的服务器是"GenJi 的服务器"。选择之后，单击图 1-16 中标记 2 处的"继续"。在弹出的授权界面中，保持默认勾选状态，单击

图1-15 将Midjourney Bot添加至服务器

"授权"。这时，系统会弹出人机验证界面，自行完成验证后就会看到授权成功界面，如图 1-17 所示。

单击"前往［创建好的服务器名］"（这里是"前往 GenJi 的服务器"），就会来到我们自己创建的服务器中，欢迎界面如图 1-18 所示。

至此，我们已经将 Midjourney Bot 拉入我们自己的服务器。

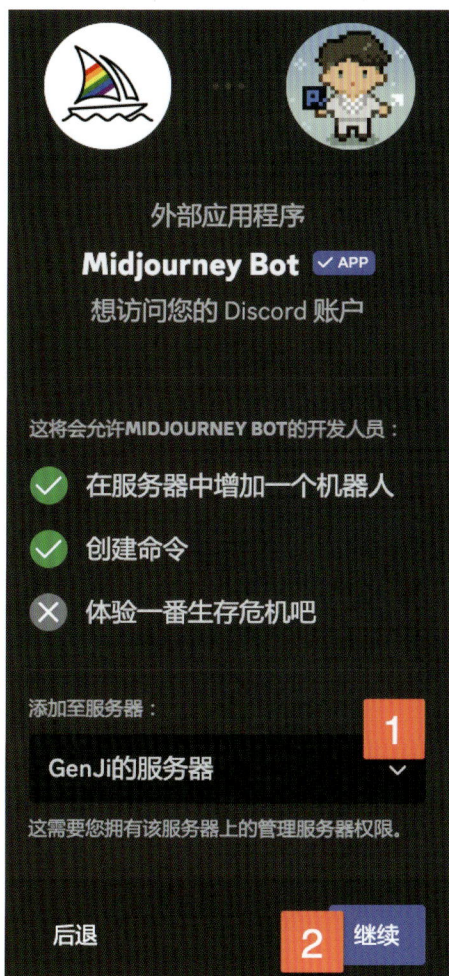

图1-16 选择服务器

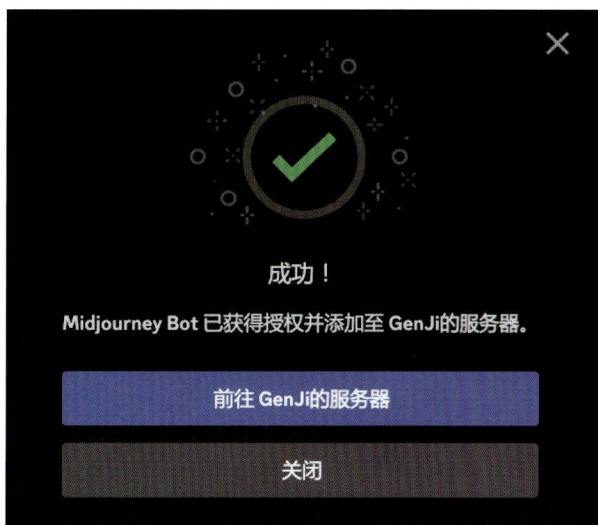

图1-17 授权成功

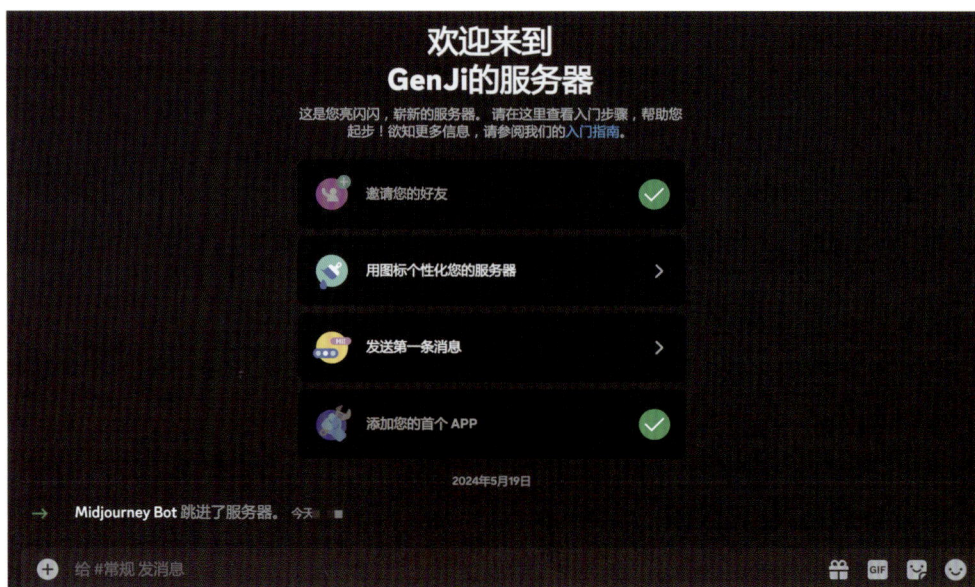

图1-18　欢迎界面

1.2.5　接受协议

单击欢迎界面最下方的输入框，输入英文字符 /，会弹出 Midjourney 的指令窗口，如图 1-19 所示。

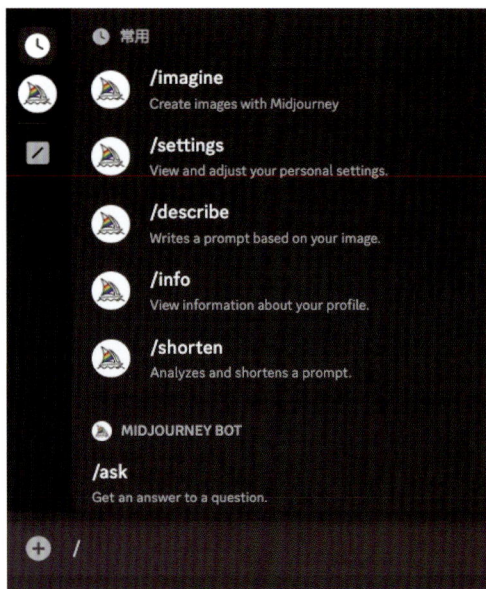

图1-19　指令窗口

选择图 1-19 中最顶部的 /imagine 或者在输入框继续输入 imagine，输入框会自动添加 prompt，如图 1-20 所示。

此时在输入框的 prompt 后面随便输入一个单词，例如 Panda，然后按回车键，会弹出接受协议窗口，读者单击"Accept ToS"按钮完成协议认证，就会弹出订阅通知。完成一次认证后就可以开始正式使用 Midjourney 进行创作了。

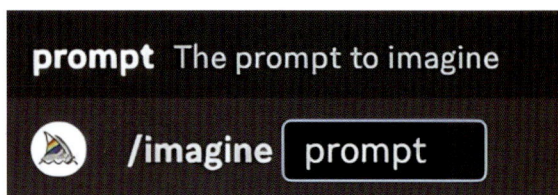

图1-20　输入框变化

1.2.6　用Midjourney完成第一幅作品

本节将介绍用 Midjourney 生成作品的操作方法，其中涉及的指令、参数将于第 2、3 章详细介绍。

在输入框中输入 /，然后输入或者直接用鼠标选择 imagine，输入 Panda eye macro photography --v 6，作为提示词，如图 1–21 所示。

图1-21　提示词

输入完成后，按回车键发送指令，就会看到 Midjourney 开始执行，如图 1–22 所示。

图 1–22 中右上角有绘制进度提示，当进度达到 100% 后，会看到 Midjourney 生成了一幅清晰的含有 4 张小图的图像，如图 1–23 所示。

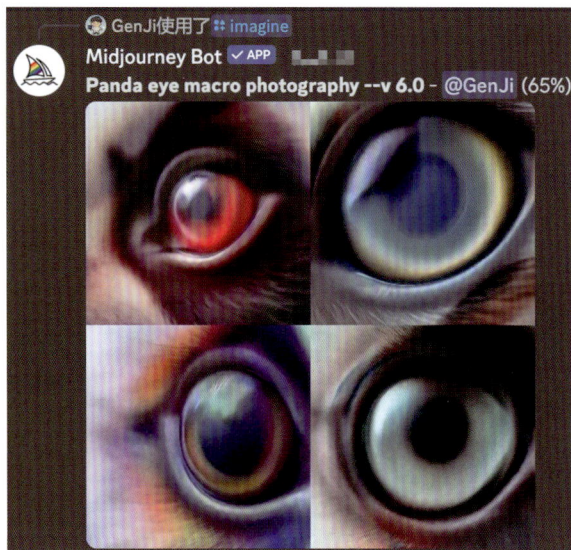

图1-22　执行窗口

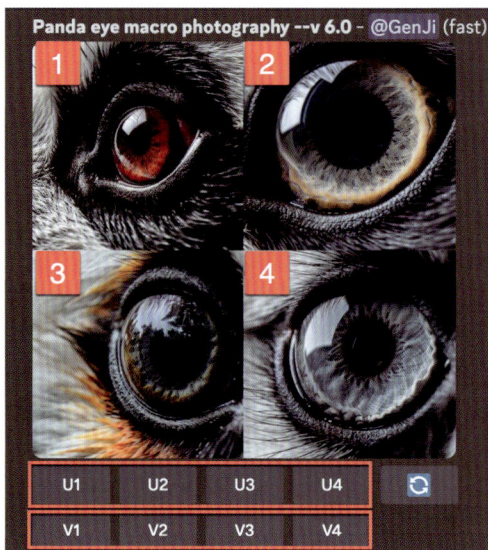

图1-23　生成的图像

图 1–23 生成的图像从左往右、从上到下依次标号为 1、2、3、4。图像下方有两排按钮，其含义如下。

▶ U：放大某张图像，完善更多细节内容。U1、U2、U3、U4 按钮分别表示对第 1 张、第 2 张、第 3 张、第 4 张图像执行 U 操作。

▶ V：生成与所选图像风格类似的 4 张新图像。V1、V2、V3、V4 按钮分别表示对第 1 张、第 2 张、第 3 张、第 4 张图像执行 V 操作。

▶ (刷新)：表示按照提示词重新生成图像。

如果图 1-23 中有满意的作品，则不需要刷新，可以直接挑选心仪的图像。例如，我们喜欢第 1 张，就单击"U1"。稍等片刻后，Midjourney 就会输出所选图像的大图，如图 1-24 所示。

最后，既可以通过单击图 1-24 中最下方所示的 按钮，也可以先单击图像，再单击"在浏览器中打开"来保存我们用 Midjourney 完成的第一幅作品的高清原图，保存的原图如图 1-25 所示。

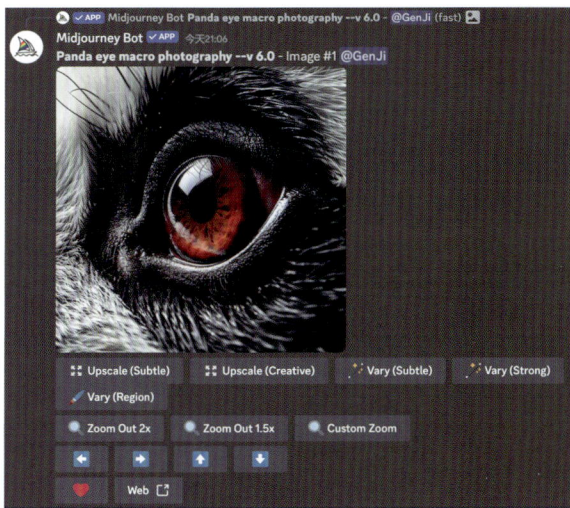

图1-24　U1放大后的结果　　　　　　　　图1-25　第一幅作品的原图

1.3　Discord的常用功能

Discord 的本地应用程序与网页端的界面和功能相同。本书后续将使用本地应用程序。读者可以根据使用偏好选择本地应用程序或网页端。接下来将介绍 Discord 的常用功能，图 1-26 展示了 Discord 的功能界面。

图 1-26 中标记 1 所示的为服务器列表显示区域，该区域以图标形式显示如下类型的服务器：

▶ 用户自定义的服务器；

▶ 用户已选择加入的由其他用户创建的服务器；

▶ 用户已添加的官方机器人。

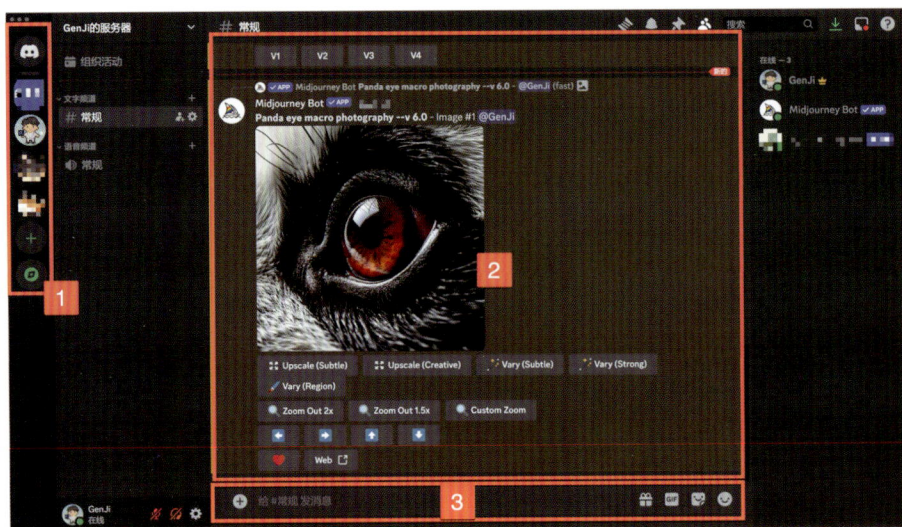

图1-26　功能界面

图 1-26 中标记 2 所示的为 Midjouney 生成图像的区域，通过滚动鼠标滑轮可以查看创作记录。也可以通过在图 1-26 中右上角所示的搜索栏输入关键字来查找。

图 1-26 中标记 3 所示的为输入框，后续用到的输入框，若没有特殊说明，都指的这个输入框。如果读者选择其他服务器或者频道，也可以通过在该输入框中输入内容完成与其他好友进行对话、点评他人的作品等操作。

本书基于自定义的"GenJi 的服务器"进行创作。右击服务器列表中我们自定义的服务器 logo，弹出的设置菜单如图 1-27 所示。

在设置菜单中，最常用的设置就是"编辑服务器个人资料"，读者可以在这里修改服务器的图标和名称，修改用户名与密码等个人资料。

读者如果需要将自己创建的频道分享给他人，则单击设置菜单中的"创建频道"。一旦有了自己的频道，就可以根据兴趣来设置相应的类别和活动。服务器与频道的关系就像大楼与大楼里的房间，用户可以在这里与好友聊天互动。

图1-27　设置菜单

1.4　生成作品的3种方式

Midjourney 提供了 3 种主流的生成作品的方式。本节将通过具体示例介绍这 3 种方式。

1.4.1　通过文字描述生成作品

图 1-28 就是通过文字描述（即提示词）生成的作品。

> **说明**
>
> 以图 1-28 为例，为了提升效率，本书不再采用截图形式，而是直接给出 Prompt 后面的内容，读者自行输入并按回车键即可发送指令。如果提示词中要用到多个有意义的词语或句子，必须用英文逗号","隔开。

接下来，通过一段简单的文字描述来生成熊猫游泳的图像，如图 1-28 所示。

Prompt： panda, swimming --v 6 --ar 3:4
提示词： 熊猫，游泳 -- 版本 6 -- 尺寸 3:4

图1-28　熊猫游泳

我们再在输入框中输入一段复杂的文字描述，用卡通风格生成熊猫家庭的图像，如图 1-29 所示。

Prompt： flat, vector, clip art, impressionist cartoon whimsical panda family, in the style of Andy Kehoe, Skottie Young and Keith Haring, stylized, detailed, adventure time, layered 2d art --s 300 --ar 16:9 --c 15 --v 6

提示词： 扁平化，矢量，剪贴画，印象派卡通风格的奇趣熊猫家庭，以 Andy Kehoe、Skottie Young 和 Keith Haring 的风格为灵感，风格化，细节丰富，参考 Adventure Time 的风格，2D 分层 -- 风格化 300 -- 尺寸 16:9 -- 混乱度 15 -- 版本 6

图1-29　卡通风格的熊猫家庭

由此可见，如果想让 Midjourney 创造出优质的图像作品，由几个单词组成的简单的提示词远远不够。经过作者长时间摸索，好的提示词可以按照如下框架来编写：

主体内容，环境背景，构图，视图，参考艺术家，图像参数

其中，环境背景指氛围、场景、光感等；构图包括规则构图、黄金分割、对角线构图等；视图包括正视图、侧视图、俯视图等；参考艺术家指的是要参考绘画风格的艺术家的名字；图像参数包含设置生成图像的尺寸、质量、风格等。

1.4.2　通过融图生成作品

顾名思义，融图就是将多张图像的风格融合在一起。进行融图操作时，应尽量保证样图简单，避免包含过多元素，以确保色调和风格能较好地融合。

首先，准备两张图像，人像应尽量精简，若过于复杂，融图效果可能会不可控。

建议图像分别为人物主体和风景照，这样在 Midjourney 生成图像时，既有人物主体，又有背景的色调和纹理。图像格式最好是 .png 或者 .jpg。

在输入框中输入 /blend，然后按回车键发送指令，弹出图 1-30 所示的界面。由图 1-30 可知，/blend 指令默认需要上传两张图像。依次单击图 1-30 中的 image1 和 image2，弹出上传界面，上传事先准备好的两张样图。或者，也可以依次将样图拖到 image1 和 image2 选框。上传完成后，界面如图 1-31 所示。

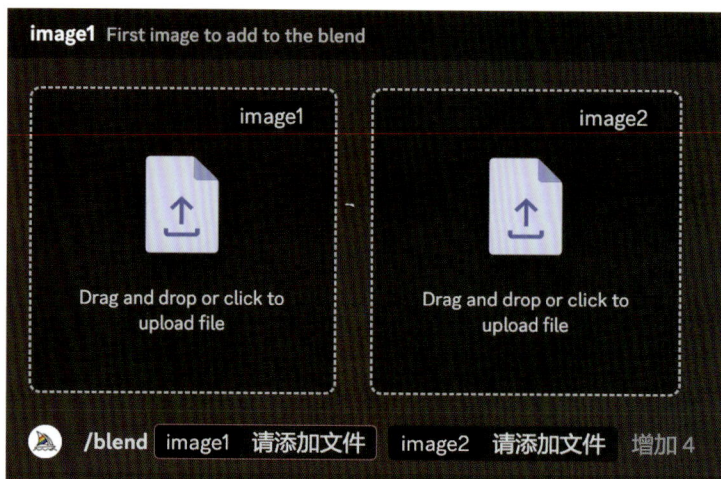

图1-30 /blend界面

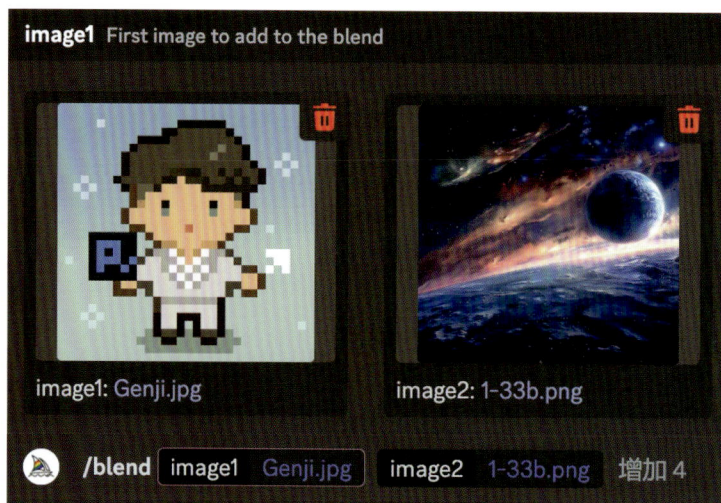

图1-31 上传完成

此时按回车键执行融图操作，融图效果如图 1-32 所示。

如果想上传多张图像，单击图 1-30 所示界面右下角的"增加 4"，在弹出的界面中选择"image3"，就可以继续添加新的样图，此时界面如图 1-33 所示。

图1-32　融图效果

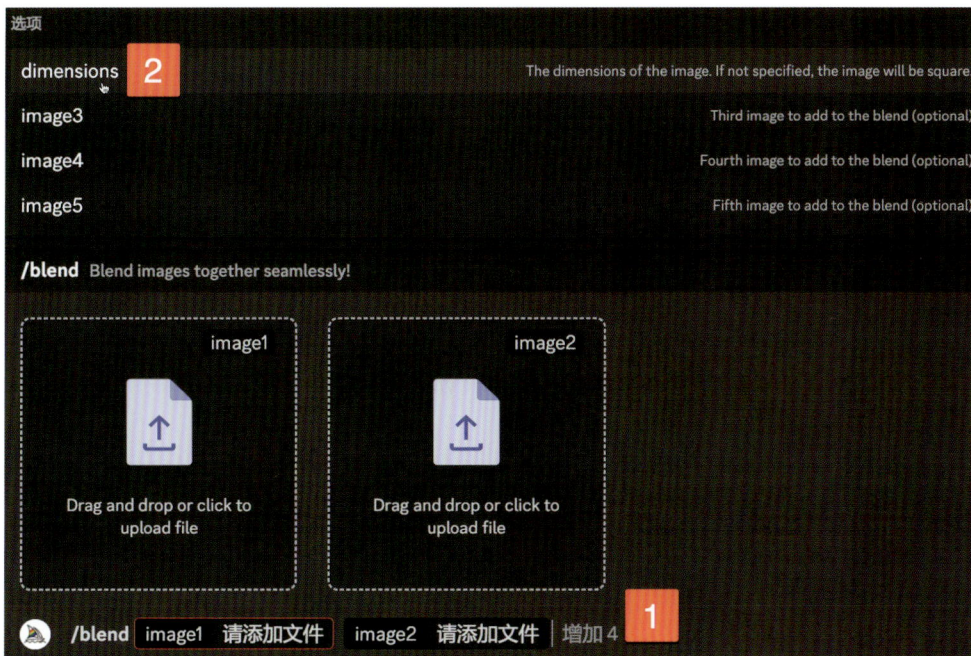

图1-33　新增样图

单击"dimensions"选项，将弹出控制融图生成作品尺寸比例的选项，如图 1-34 所示。其中，Protrait 表示生成作品的尺寸比例为 2∶3，Square 表示生成作品的尺寸比例为 1 ∶ 1，Landscape 表示生成作品的尺寸比例为 3 ∶ 2。读者根据自己的需求选择即可。

图1-34 控制融图生成作品尺寸比例的选项

1.4.3 通过样图结合文字生成作品

首先，准备一张或多张样图，样图的格式必须是 .png、
.gif、.webp、.jpg 或 .jpeg。单击输入框最左侧的"+"，在
弹出的界面中单击"上传文件"，如图 1-35 所示。

然后，在弹出的界面中选择要上传的图片，此时界面
如图 1-36 所示。按回车键，将样图传给 Midjourney 服务器，
完成上传后界面如图 1-37 所示。

除了上面的上传样图操作，还可以直接通过鼠标将样
图拖曳到 Discord 程序进行上传，读者可以根据个人喜好选
择上传方式。

图1-35 上传文件

图1-36 上传样图

上传完成后，右击左侧的人物样图，在弹出的界面中单击"复制链接"，如图 1-38

所示。接下来，在输入框中输入 /imagine，然后通过 "Ctrl+V" 组合键粘贴复制好的链接，再按空格键，然后添加对应的提示词。添加完成后的指令界面如图 1-39 所示，图中马赛克表示刚刚复制的图像地址，读者应使用自己的链接。

图1-37　完成上传

图1-38　复制链接

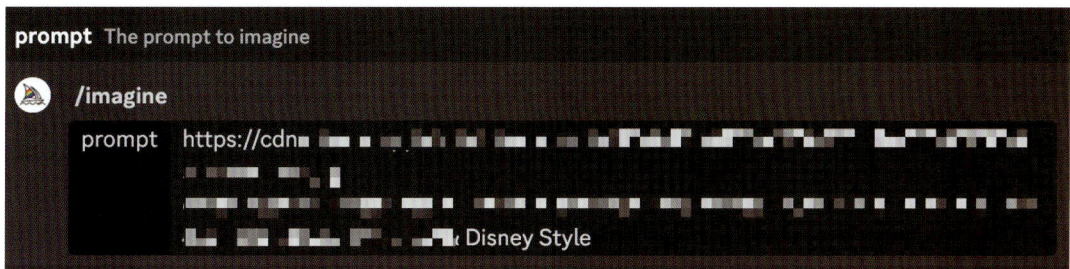

图1-39　指令

生成的作品如图 1-40 所示。

图1-40　生成的作品

Prompt：disney style
提示词：迪士尼风格

如果有多张样图，那么每个链接之间应用空格隔开。图 1-41 展示了输入 3 张样图时指令界面上的链接，不同链接间以空格隔开。

图1-41　3张样图的链接

1.5　Midjourney版本

从 V1 到最新版本，Midjourney 在技术和功能上不断实现突破，逐步提高了图像生成的质量。每个版本的更新都标志着人工智能图像生成领域的一次重要进展，为用户提供了更加强大的创意工具和平台。截至 2024 年 5 月，Midjourney 已经推出了 V1、V2、V3、V4、V5、V5.1、V5.2、V6 共 8 个大版本。最早发布的是 V1，数字越大表示版本越新。接下来将介绍各个版本的特点。

1.5.1 V1到V5版本

V1 版本主要聚焦于图像生成的基础功能。该版本能够生成简单的图像，但在细节表现和逼真度方面存在较大的提升空间。

V2 版本在 V1 版本的基础上进行了多方面的优化和改进。通过改进算法，提升了图像的细节表现和清晰度，并且增强了生成图像的多样性。

V3 版本引入了更先进的深度学习算法，显著提升了图像生成的质量和速度。该版本在处理复杂场景和细节方面表现卓越，生成的图像更具艺术感和创意。

V4 版本专注于高分辨率图像的生成和细节优化。该版本能够生成超高分辨率的图像，并在细节处理上达到了新的水平，图像更加细腻和真实。

V5 版本在图像生成的智能化和用户体验方面取得了显著进步。该版本引入了智能提示和创意辅助功能，使用户能更轻松地生成满足个性化需求的图像。

接下来，使用同一提示词和不同版本生成图像，V1 ～ V5 版本生成的作品如图 1-42 ～图 1-46 所示。

Prompt: panda with wings --v 1
提示词： 带翅膀的熊猫 --V1 版本

图1-42 V1版本生成的作品

图1-43　V2版本生成的作品

Prompt：panda with wings --v 2
提示词：带翅膀的熊猫 --V2 版本

图1-44　V3版本生成的作品

Prompt：panda with wings --v 3
提示词：带翅膀的熊猫 --V3 版本

图1-45 V4版本生成的作品

Prompt: panda with wings --v 4
提示词: 带翅膀的熊猫 --V4 版本

图1-46 V5版本生成的作品

Prompt: panda with wings --v 5
提示词: 带翅膀的熊猫 --V5 版本

从这 5 张图中，可以观察到 Midjourney 在以下 4 个方面有显著提升。

▶ 细节丰富度和内容真实性。V1 和 V2 版本的图像生成效果基本类似于简笔画，前景和背景的处理相对粗糙，到了 V3 版本，背景和透视关系都变得更加合理，而到了 V4 版本，图像已经达到了可用的状态。

▶ 分辨率提高。从 V1 到 V3 版本，单张图像的分辨率是 256 px × 256 px，到了 V5 版本，单张图像的默认分辨率已经提升到了 1024 px × 1024 px。

▶ 参数多样性。V5 版本支持更多的参数，这些参数在之前的版本中大多是不可用的。此外，早期版本对某些词的具体含义理解有限，而 V5 版本的理解能力显著增强。

▶ 艺术风格词汇的重要性。这个结论尚未得到官方认证。有很多人认为 V5 版本是一个更通用的版本，笔者的理解是 V5 版本提高了图像生成的基准线。这意味着不需要太多描述性的词，也能生成一个"可以看"的作品。艺术风格词汇的使用变得更加重要，因为它们能够更精确地指导算法生成符合特定风格的作品。

1.5.2 V5.1版本

Midjourney 的 V5.1 版本相对于 V5 版本在以下 6 个方面进行了提升。

▶ 提升了短提示词的产出质量，即使是简短的提示词也能生成高质量的图像。

▶ 新增了"RAW Mode"（原始模式），这是一个可选的模式，用于生成更加写实的图像。

▶ 对提示词理解的精准度得到了提升，减少了不必要的算法发散，使得生成的图像更符合用户意图。

▶ 文本识别能力增强，尤其是在生成包含文字的图像时，文字的识别和表现更加准确。

▶ 减少了不必要的边框，图像的构图更加自然和干净。

▶ 提高了图像的清晰度，使细节更加清晰可见。

接下来，同样通过示例介绍其特点。

首先，需要手动开启 RAW Mode。在输入框中输入 /setting 指令，按回车键发送指令，在图 1–47 的下拉框中选择 Midjourney Model V5.1 后，再选择 RAW Mode 即可。或者，可以直接在提示词的最后添加"--v 5.1 --style raw"，来启用 V5.1 版本的 RAW Mode，生成的作品如图 1–48 所示。

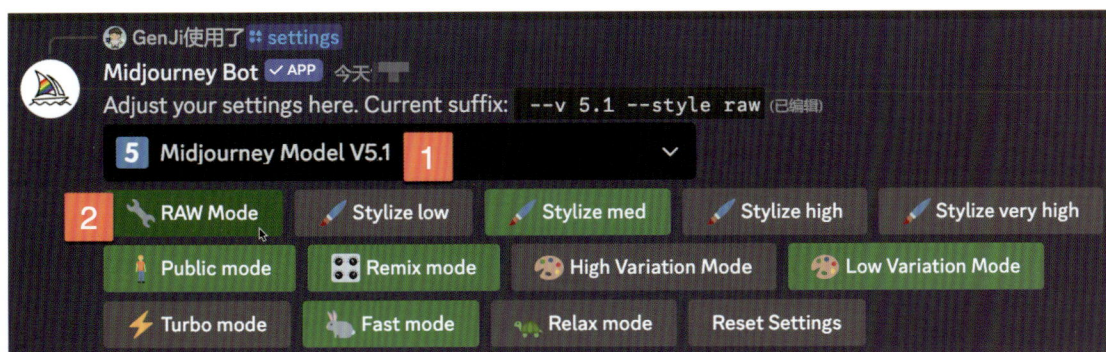

图1-47　开启RAW Mode

图1-48　V5.1版本生成的作品

Prompt：panda with wings --v 5.1 --style raw
提示词：带翅膀的熊猫 --V5.1 版本 -- 原始模式

相较于 V5 版本，V5.1 版本生成的作品拥有更多细节，整体画质也更加清晰。由于使用了 RAW Mode，视觉风格更加写实。如果用户不需要过于写实的效果，可以在进行图 1-47 所示的设置时不选择 RAW Mode，直接使用 V5.1 版本。根据笔者的测试，V5 版本可以实现的效果，V5.1 版本都可以实现，而且效果更佳。

V5.1 版本的另一个独到之处在于提升了生成英文文本的能力。使用 /imagine 指令，并输入提示词，V5、V5.1 RAW Mode、V5.2、V6 版本生成的作品如图 1-49 所示。

图1-49 生成的作品

由图 1-49 可以看出，版本越高，对英文文本的识别能力越强，并且能更好地制作成 logo 类的图像。如果需要更丰富的表现力，建议不使用 RAW Mode。

1.5.3 V5.2版本

Midjourney 的 V5.2 版本相对于 V5.1 版本在以下 6 个方面进行了提升。

▶ 采用了更写实的美学系统，使生成的图像在视觉上更加逼真和自然。

▶ 新增了 High Variation Mode（高变化模式），使用户可以选择生成具有更高变化性的图像，从而提供更多的创意选项和视觉效果。

▶ 新增了 Vary(Strong) 和 Vary(Subtle) 标签，使用户可以控制图像生成的变化程度。Vary(Strong) 会生成与原图差异较大的图像，而 Vary(Subtle) 则会生成差异相对细微的图像。

▶ 新增了局部修改功能，使用户可以对图像的特定区域进行修改，而不用重新生成整个图像。

▶ 新增了 Zoom Out（缩放）标签，可以在原图的基础上扩展画布，生成额外的背景内容。

▶ 新增了上下左右扩图标签，使用户可以指定图像生成的方向，如可以生成向上、向下、向左或向右扩展的图像，从而提供更灵活的构图选项。

接下来，通过示例介绍其特点。

在输入框中输入 /setting 指令，按回车键，在图 1-50 所示的下拉框中选择 Midjourney Model V5.2。或者，可以直接在提示词的最后添加 "--v 5.2"。

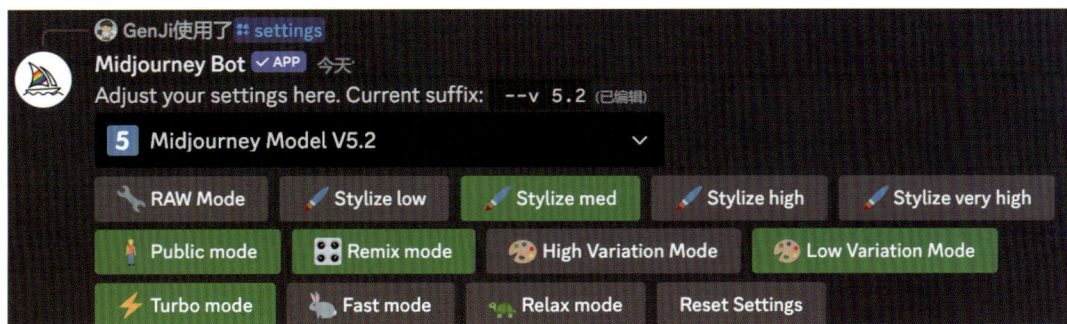

图1-50　选择V5.2版本

若在图 1-50 所示的下拉框中选择了 Remix mode，则在进行 V 操作（生成图像的变体）时，可以开启输入框并根据需要调整提示词，设置方式如图 1-51 所示。

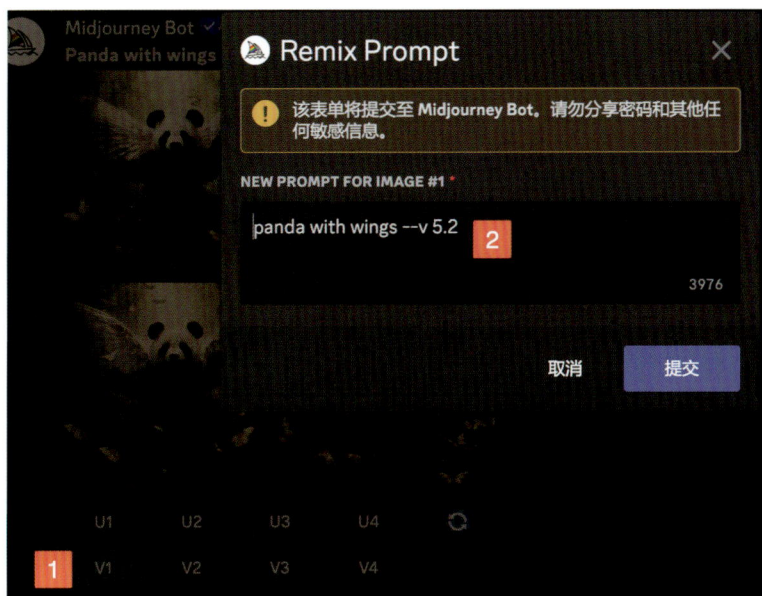

图1-51　设置方式

若在图 1-50 所示的下拉框中选择了 High Variation Mode，则生成的图像更加多样化，人物也更加逼真，该模式下生成的作品如图 1-52 所示。如果不需要更加多样化的结果，则可切换为 Low Variation Mode。

> **说明**
> 并不是更加多样化就代表生成的图像更优秀。经笔者测试，高变化模式下可能需要尝试多次才能得到理想结果。注意，高变化模式和低变化模式仅适用于 V5.2 及之后的版本。

Prompt： panda with wings ––v 5.2
提示词： 带翅膀的熊猫 ––V5.2 版本

图1-52 High Variation Mode模式下生成的作品

相较于 V5.1 版本，V5.2 版本生成的作品在画质、分辨率、风格写实度和构图方面都有所提升。例如，熊猫的翅膀和毛的颜色都能很好地统一起来，光影效果也更加逼真。

经笔者测试对于 V5.2 版本的人像，表情、动作渲染效果更加写实逼真，质感堪比摄影作品。例如，使用 /imagine 指令，生成如图 1-53 所示的作品。

Prompt： side view of a woman, giant flower, double exposure, surreal photography ––v 5.2
提示词： 女人侧影、巨型花朵、双重曝光、超现实摄影 ––V5.2 版本

图1-53 生成质感堪比摄影的作品

此时，对图 1-53 中的任意一个作品进行放大查看，例如执行 U2 操作，此时界面如图 1-54 所示，相较于之前的版本新增了一些功能，下面将详细介绍。

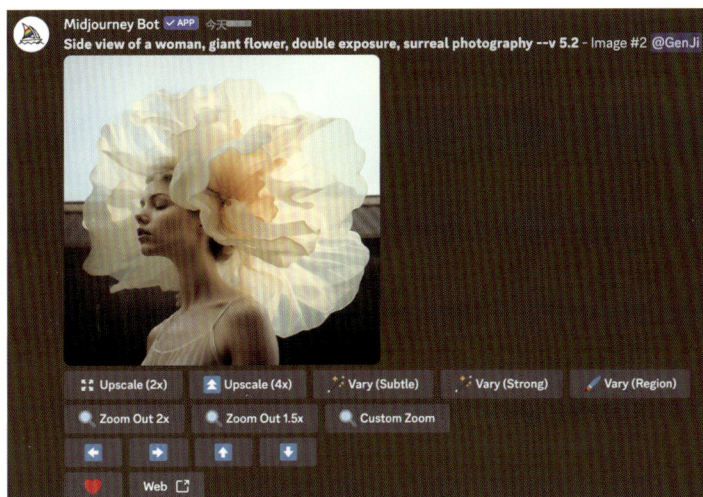

图1-54　新增功能

其中，Upscale(2x) 表示将图像放大 2 倍，Upscale(4x) 表示放大 4 倍。

Vary(Subtle) 和 Vary(Strong) 功能允许用户对原图进行微调或较大改变后再次生成 4 张相似图像，图 1-55 和图 1-56 分别为选中 Vary(Subtle) 和 Vary(Strong) 功能后生成的作品。

图1-55　选中Vary(Subtle)功能后生成的作品

图1-56 选中Vary(Strong)功能后生成的作品

Vary(Region) 用于局部重绘，为用户提供了一个便捷的方式来进行特定区域的图像修改。选中该功能后，进入编辑框界面，如图 1-57 所示。

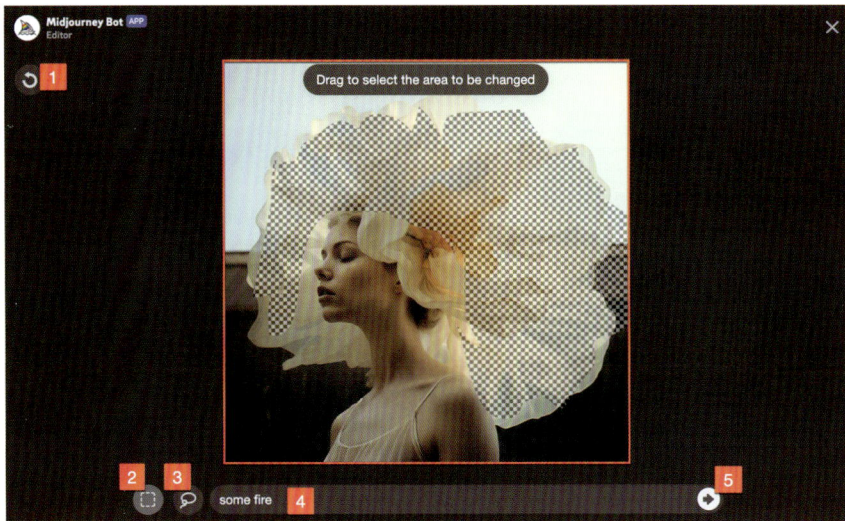

图1-57 编辑框界面

其中，标记 1 到 5 分别代表撤销操作、使用方形选框选择修改区域、使用套索工具选择修改区域、修改内容的提示词和发送指令。标记 4 处的文字表示添加一些火焰。红色矩形框中的透明图层就是使用套索工具选择的要修改的部分，单击标记 5 处的确认按钮发送修改指令，生成的作品如图 1-58 所示。

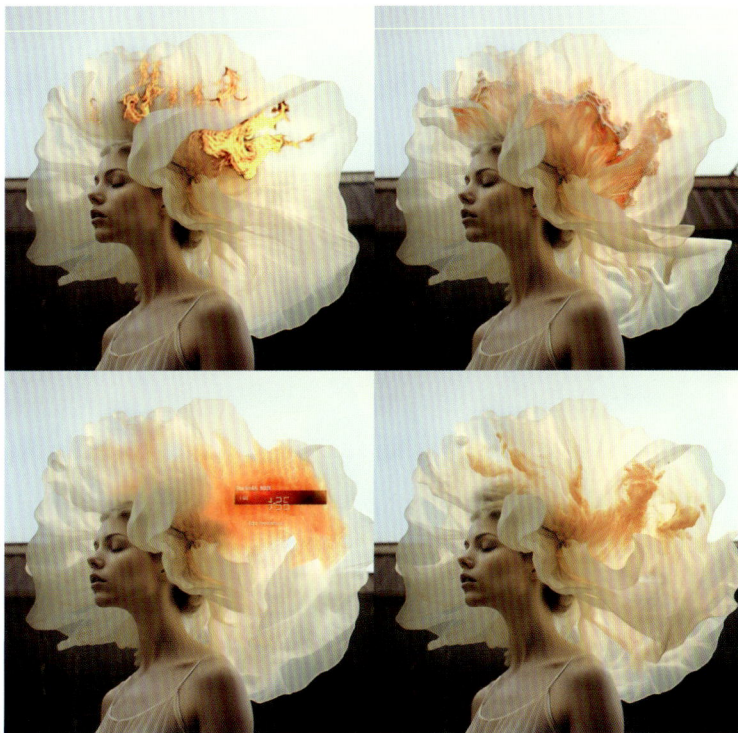

图1-58 局部重绘后生成的作品

> **说明**
>
> 请注意，选择的区域不宜过小或过大。过小的区域可能无法带来显著的变化，而过大的区域可能导致过多的改动，一般选择图像的 20% ～ 50%。通过掌握 Midjourney 局部重绘功能的使用方法和技巧，可以在数字创作中展现个性化的风格和挖掘创作潜能。无论是对图像的精细修改、风格调整，还是角色形象的个性演绎，Midjourney 局部重绘功能都将成为你实现创意的利器。

如果图像的宽度小于高度，即图像是竖图，那么会出现 Make Square 标签，如图 1-59 所示。该标签的作用是将图像以方形尺寸缩放，单击该标签后生成的作品如图 1-60 所示。在图 1-60 中，我们可以看到缩放后的作品，并且可以通过 U 操作进行新一轮的缩放，这个过程可以不断重复，从而将不完整的场景或人物扩展成更完整的全景。

在图 1-59 中，Zoom Out 2x 表示将图像缩小 50%。

> **说明**
>
> 需要注意的是，Zoom Out 操作会将原图缩小并在周围填充新的内容，因此多次缩放后，图像的精度可能会下降，周围也可能会出现更多的黑色区域。用户可以利用 Zoom Out 功能对喜欢的图像进行扩图，在缩放过程中不断增加新的细节，最终可以将这些连续的图像制作成"穿越式"视频。

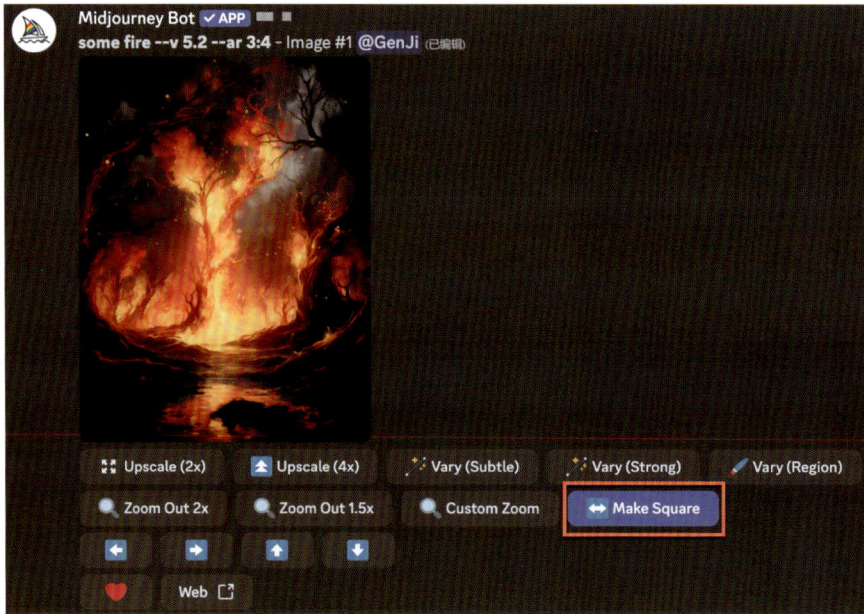

图1-59　Make Square功能

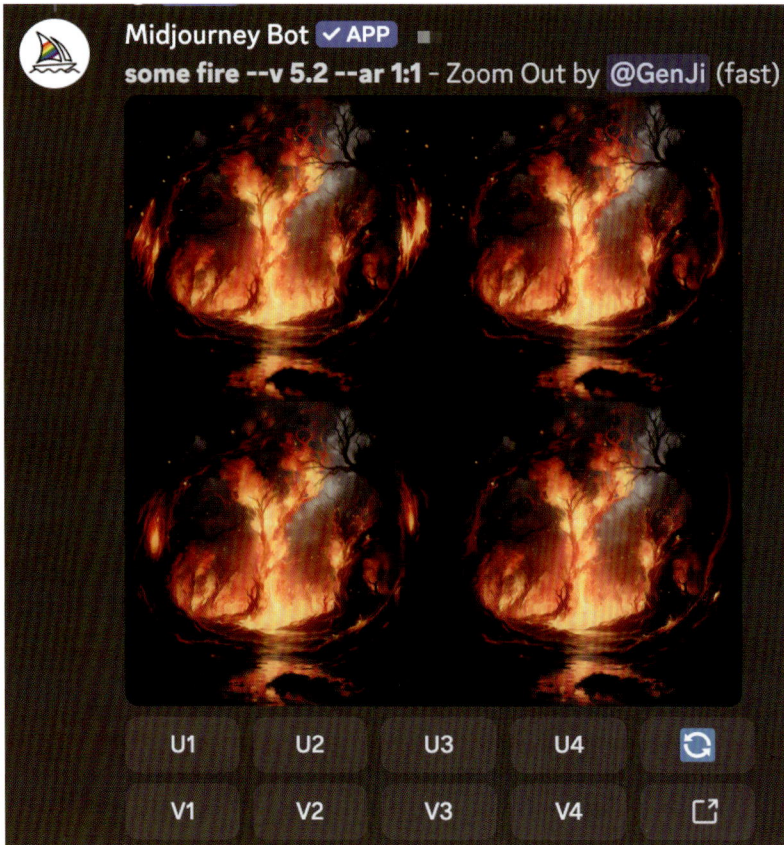

图1-60　单击Make Square标签后生成的作品

如果用户需要更精确地控制图像缩放的比例，可以使用自定义缩放标签，单击图 1-59 所示界面中的 Custom Zoom，弹出的提示框如图 1-61 所示。

图1-61 自定义缩放

在提示框中，用户不仅可以修改提示词，例如添加"some ice"（一些冰），还可以设置特定的参数来控制图像的缩放。这里提供了两个参数：--ar（宽高比）和 --zoom（扩展值）。--ar 参数允许用户设置所需的宽高比。--zoom 参数的设置范围则限于 1 到 2 之间，这意味着缩放后的图像不能超过其原始尺寸的两倍。用户可以根据自己的需求设置这些参数。例如，可以设置"--zoom 2"。设置完成后，单击图 1-61 所示提示框中的"提交"按钮，生成的作品如图 1-62 所示。

图 1-59 中的 4 个方向

图1-62 自定义缩放后生成的作品

的箭头按钮，分别表示按照箭头方向（左、右、上、下）进行扩图，常用于风景图。使用 /imagine 指令，并输入如下提示词。

Prompt: a painting shows mountains and streams,in the style of gold and aquamarine,serene pastoral scenes,grandeur of scale,serenity and harmony,cloisonnism,hieratic vision,gold and azure --v 5.2 --ar 16:9

提示词: 一幅描绘山脉和溪流的画作，金色和蓝绿色风格，宁静的田园风光，宏伟的规模，宁静与和谐，分隔主义，神圣的视觉风格，金色和蔚蓝色 --V5.2 版本 -- 尺寸 16:9

生成的山水图如图 1-63 所示。

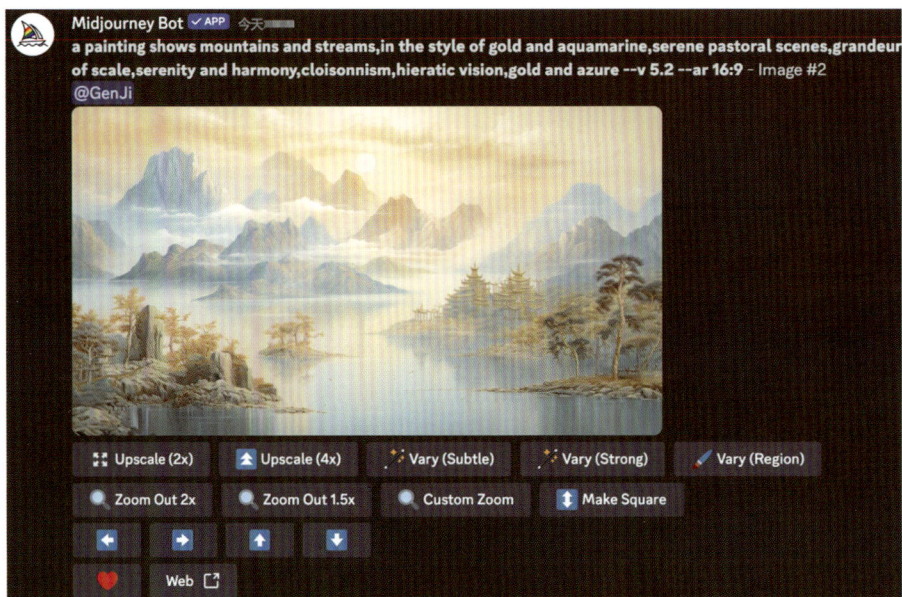

图1-63　生成的山水图

单击图 1-63 所示界面中的 ⬅ 按钮，将弹出提示框，不需要修改任何提示，单击提示框中的"提交"按钮后，向左扩图的效果如图 1-64 所示。

图1-64　向左扩图的效果

在图 1–64 所示界面中选择 U1，放大后的作品如图 1–65 所示。此时，如图 1–65 中矩形框内所示，只有左右扩图按钮了，这是因为如果使用了左右扩图，就不能使用上下扩图。同样，使用了上下扩图就不能使用左右扩图。不断重复该过程，就能制作出连续的环境场景图。

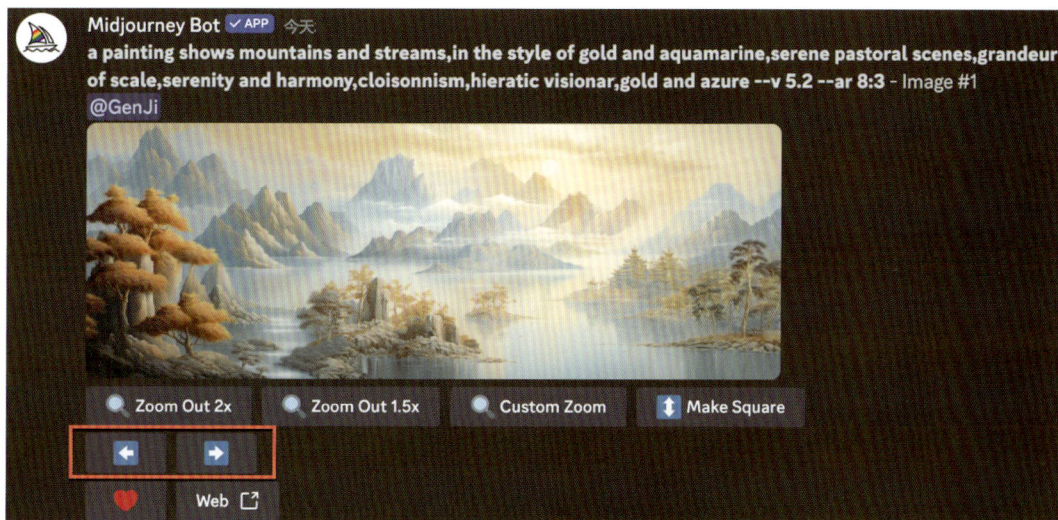

图1-65 放大后的作品

> **说明**
> 用箭头按钮扩图不会对原来的内容进行缩放，而是基于原图在指定方向上做扩图，保持原图精度不变。

1.5.4 V6版本

Midjourney 的 V6 版本相对于 V5.2 版本在以下 4 个方面进行了提升。

▶ 更具质感的作品：V6 版本在图像生成质量上有了显著的提升，尤其是在画面质感和细节刻画上。图像的光影处理更加真实自然，使生成的作品在视觉上更加吸引人。

▶ 长提示词文本理解能力：V6 版本能够处理更长的文本提示词，其容量达到了 350 ～ 500 个词，而 V5.2 版本在超过 30 个词后，提示词的效果就会大打折扣。V6 版本的自然语言处理能力也使用户在编写提示词时更加灵活，不再需要依赖简短的短语，而是可以使用更加自然的语言描述，从而提高了生成内容的准确性和用户满意度。

▶ 准确的英文理解能力：V6 版本对英文提示词的理解变得更加准确，V6 版本能够更好地呈现提示词中提到的所有元素，包括颜色、位置以及元素之间的关系。

▶ 放大选项优化：虽然我把这一点放在最后讲解，但实际上它是 V6 版本相对于 V5.2 版本的另一个重要改进。放大选项的优化意味着在放大图像时，能够保持更高的图像质量，减少模糊和失真的情况。

下面分别用 V5.2 版本和 V6 版本生成图像，提示词如下，观察作品的质感。

Prompt： panda face
提示词： 熊猫脸

生成的作品如图 1-66 所示。

通过比较，我们可以明显看出 V6 版本生成的图像细节更加锐利和清晰，而 V5.2 版本的图像则显得较为模糊和灰暗。

图1-66 用V5.2版本和V6版本生成作品的质感对比

下面分别用 V5.2 版本和 V6 版本生成图像，提示词如下，观察生成内容的准确性。

Prompt： a photo-realistic photo of a wooden table with a white vase with yellow roses. Next to it is a red bowl with lemons and apples, with some blueberries scattered around the side of the bowl. Next to the table is a white window
提示词： 一张木桌的写实照片，桌上放着一个白色花瓶，里面插着黄玫瑰。旁边是一个红色的碗，碗里有柠檬和苹果，碗边散落着一些蓝莓，桌子旁边是一扇白色的窗户

生成的作品如图 1-67 所示。

通过比较，可以发现 V5.2 版本没有准确呈现碗的颜色，在提示词中位置靠后的苹果、蓝莓也都丢失了，但 V6 版本可以准确生成这些物体，且它们的位置关系正确。

图1-67 用V5.2版本和V6版本生成作品的准确性对比

下面分别用 V5.2 版本和 V6 版本生成图像，提示词如下，观察生成特定英文文本的准确性。注意，要想准确生成英文文本内容，就需要将其置于英文的双引号内；在生成文本内容时，建议使用"--style raw"参数或设置较低的 stylize 值，以确保文本内容的准确性和可读性。

Prompt: a neon sign with text "GenJi"
提示词: 霓虹灯招牌上写着"GenJi"

生成的作品如图 1-68 所示。

通过比较可以发现，V5.2 版本没有准确呈现引号内的文本内容，但 V6 版本可以准确呈现。

图1-68 用V5.2版本和V6版本生成的英文文本内容

在 V6 版本中，有两个起到图像放大功能的标签，分别是 Upscale(Subtle) 和

Upscale(Creative)（见图 1-69），它们虽然都可以将图像放大两倍，但各自有不同的应用场景和效果。Upscale(Subtle) 旨在保持原图的基本外观和风格，放大后的图像与原图非常相似，它主要在细节上进行细微的增强，不会引入显著的新元素或风格变化，适用于那些希望放大图像同时保持原始风格和细节不变的用户。Upscale(Creative) 放大后的图像在细节上可能与原图有明显的不同，可能会更加艺术化或风格化，适用于那些希望获得更具创意和艺术感的放大图像的用户。

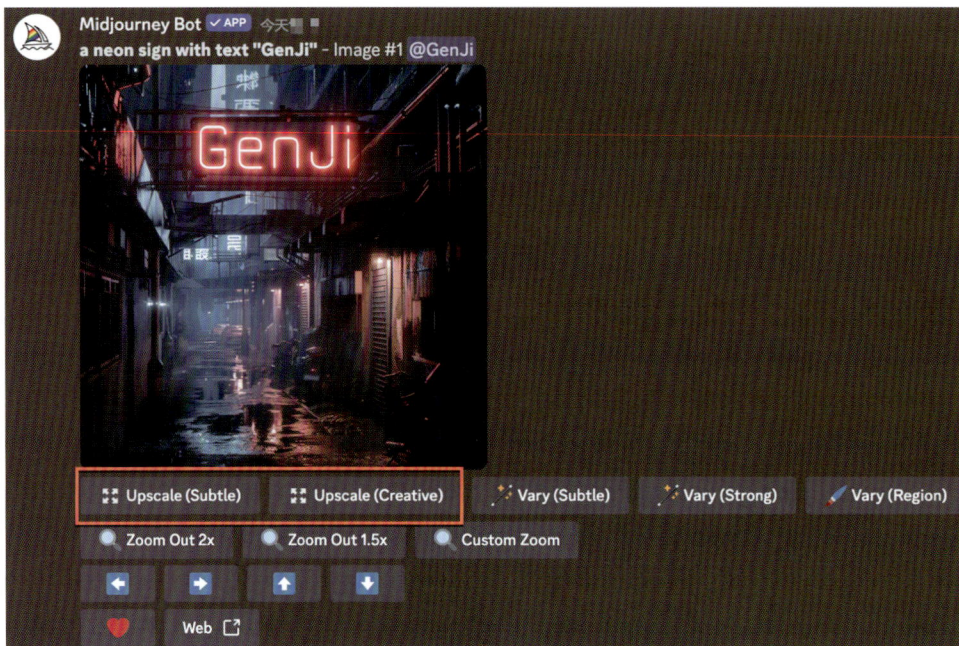

图1-69　放大功能

1.5.5　V6.1版本

Midjourney 的 V6.1 版本相对于 V6 版本在以下 8 个方面进行了提升。

▶ 图像质量提升：图像更加清晰锐利，特别是在纹理、皮肤和 8-bit 像素画的表现效果上。

▶ 更准确地呈现内容：V6.1 版本生成内容的稳定性得到了提升，英文文本内容的正确率也有所提高。

▶ 默认美学风格优化：在美学风格上进行了优化，使得画面色彩更加明亮鲜艳，整体视觉效果更佳。

▶ 修复面部细节问题：V6.1 版本修复了之前版本中人物面部细节不清晰的问题，即使在全身图中，人物面部的五官细节也较为清晰。

▶ 图像放大优化：对图像放大功能进行了优化，放大图像时能够提供更精致的细节。

▶ 质量参数调整：引入了 --quality 参数，允许用户控制生成图像所消耗的 GPU 时间，支持 0.5、1、2 三种数值，用户可以根据需要平衡生成速度和图像细节。

▶ 个性化模型更新：V6.1 版本更新了个性化模型，可以适应不同用户的需求。

▶ 性能提升：V6.1 版本的标准图像生成速度比之前提升了 25%，这意味着用户可以在更短的时间内获得生成的图像。

下面分别用 V6 版本和 V6.1 版本生成图像，提示词如下，观察生成作品的美学风格。

Prompt： one boy, 8-bit game pixel art
提示词： 一个男孩，8 比特游戏像素艺术

生成的作品如图 1-70 所示。

通过比较可以发现，V6.1 版本生成的作品在美学风格上进行了优化，其画面色彩更明亮、鲜艳，并且角色形象和肢体动作更加准确。

图1-70　用V6版本和V6.1版本生成作品的美学风格对比

下面分别用 V6 版本和 V6.1 版本生成图像，提示词如下，观察生成作品的清晰度。

Prompt： the little boy standing in the garden blowing bubbles
提示词： 站在花园中吹泡泡的小男孩

生成的作品如图 1-71 所示。

通过比较可以发现，V6.1 版本生成的作品更清晰。

图1-71　用V6版本和V6.1版本生成作品的清晰度对比

1.6　Niji版本

-- niji 参数或 /setting 指令可以将 Midjourney 的绘画风格修改为漫画类型。如果想使用更细腻的漫画风格，可以选择将 niji·journey Bot 拉到自己的服务器上，操作方法如下。

在 Discord 主界面中搜索 niji，找到 niji·journey，如图 1-72 所示。

图1-72　找到niji·journey

单击 niji·journey（后文简称"Niji"）进入其主界面后，其拉入过程可参考 1.2.4

节中 Midjourney Bot 的拉入过程。拉入完成后，在输入框中输入 /setting，选择带有 Niji 图标的指令，如图 1-73 所示。按回车键发送指令，弹出的设置界面如图 1-74 所示。其中，第一行表示可以选择的 Niji 版本，包括 Niji4、Niji5、Niji6 共 3 个版本。其他标签功能的介绍详见 2.2 节。本节将介绍 Niji5 和 Niji6 的特点，Niji4 的效果与 Niji5 的 Original Style 效果相同，不再单独介绍。

图1-73　选择带有Niji图标的指令

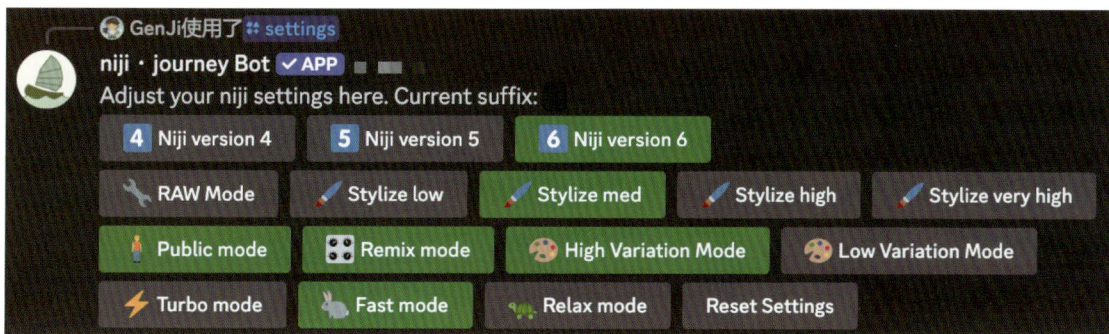

图1-74　设置Niji

1.6.1　Niji5特点

在图 1-74 所示界面选中 Niji version 5，界面新增标签如图 1-75 所示。矩形框中的标签依次表示新默认风格、表现力风格、可爱风格、景观风格和原默认风格（Niji4 的绘图风格）。

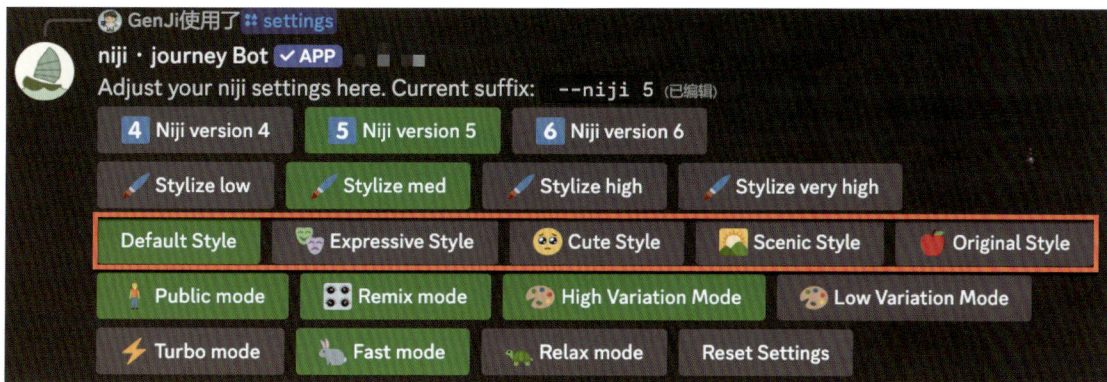

图1-75　新增标签

保持图 1-75 中的默认设置，在输入框输入 /imagine，选择带有 Niji 图标的指令，输入提示词 panda with cake，如图 1-76 所示。观察作品的风格，Default Style 的作品如图 1-77 所示。

图1-76　指令和提示词

Prompt： panda with cake
提示词： 熊猫与蛋糕

图1-77　Default Style的作品

> **说明**
>
> Default Style 等同于设置参数 "--niji 5"。

接下来保持提示词内容不变，依次切换其他 4 种风格，生成的作品依次为图 1-78～图 1-81。

图1-78 Expressive Style的作品

图1-79 Cute Style的作品

图1-80 Scenic Style的作品

图1-81 Original Style的作品

根据图 1-77～图 1-81，可以总结 Niji5 不同风格的特点和应用场景，如表 1.1 所示。

表1.1 Niji5不同风格的特点和应用场景

Niji5风格	特点	应用场景
Default Style	与Midjourney中Niji5风格一致，偏2.5D	国风、漫画、壁纸
Expressive Style	画面更具张力，偏3D	手办、盲盒、迪士尼、漫画
Cute Style	可爱、治愈的风格，画面相对扁平，偏2D	插画、绘本、表情包、贴纸、漫画
Scenic Style	电影感的日漫风，构图更具电影画面感，对远景的展现更具细节，偏2D	电影海报、绘本
Original Style	传统的二次元风格，整体风格比较扁平，偏2D	插画、漫画

除了直接在图 1-75 所示界面切换标签，还可以通过在提示词后添加参数来切换风格，如添加 --style default、--style cute、--style expressive、--style original、--style scenic 参数，也可以直接在 /setting 中设置为 Niji Model V5，如图 1-82 所示。该操作的效果等同于图 1-75 中的效果。

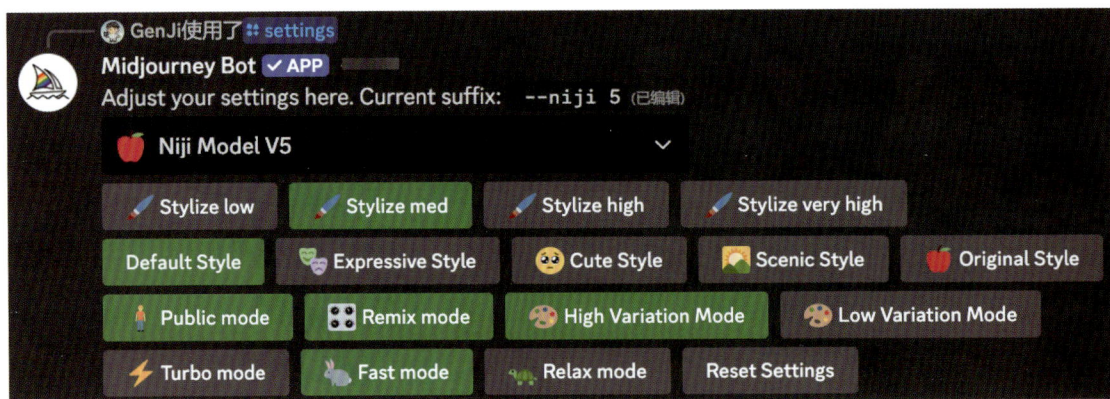

图1-82 在/setting中设置为Niji Model V5

1.6.2 Niji6特点

2024 年 1 月，Niji6 版本推出。相较于 Niji5，Niji6 版本有以下 11 个亮点。

▶ 图像质量提升：在图像质量上有显著提升，风格感也更强。

▶ 风格多样性：能够生成多种风格的图像，包括但不限于写实风格和插画风格。例如，在处理非动漫主题时，Niji6 倾向于将其转化为具有鲜明风格的插画。

▶ 写实图像处理：在生成写实图像时，Niji6 保留了摄影的写实感，但图像会变得更加朦胧，仿佛加了一层滤镜。

▶ 3D 风格处理：在 3D 风格的图像中，Niji6 会使图像更加柔和，色调变暖，整体看起来更可爱。

▶ 中式元素处理：Niji6 在处理中式元素时表现更佳，细节和风格更贴合中式审美。

▶ 细节和动作表现：Niji6 在服装细节和人物动作上表现更好，动作更夸张且有吸引力。

▶ 色彩和对比度：Niji6 生成的图像色彩更明亮，对比度更强。

▶ 提示词反应：Niji6 支持更大的提示词容量，能够更准确全面地理解提示词描述，生成效果更佳，但原本在 Niji5 中好用的提示词可能需要调整才能适应 Niji6。

▶ 文本生成支持：Niji6 支持生成简单的英文文本，这对设计封面等任务非常有帮助。

▶ 风格模式：Niji6 目前只有 --style raw 这一个风格模式，该模式可以使图像风格更原始，不再那么动漫化或华丽。同时，通过 --stylize 参数可以调整风格强度，数值范围为 0 ~ 1000。

▶ 图像差异性：Niji6 生成的图像在元素、色彩、构图等方面的差异更明显，不会生成 4 张非常相似的图像。

在图 1-75 所示的界面选中 Niji version 6。这里只演示两种有代表性的效果。

在 Niji 6 下，输入 /imagine 指令，提示词见下页，观察生成作品的准确性。生成的作品如图 1-83 所示。由此可见，Niji6 能很好地识别复杂提示词的内容，并生成相应的作品，而 Niji5 无法实现。

在 Niji6 下，输入 /imagine 指令，提示词见下页，观察生成作品中的文字部分。生成的作品如图 1-84 所示。由此可见，Niji6 在文字识别上比 Niji5 有质的飞跃。Niji5 很难准确识别提示词中的指定文字内容。

Prompt： there's a cool girl, the left eye is yellow, the right eye is blue

提示词： 一个潮酷的女孩，左眼是黄色的，右眼是蓝色的

Prompt： a girl standing under a road sign that says "GenJi"

提示词： 一个女孩站在写着"GenJi"的路牌下

图1-83 生成作品较为准确

图1-84 生成作品中的文字部分较为准确

除了直接在图 1-75 所示界面选中 Niji verson 6，还可以在提示词中使用 --niji 6 参数，也可以直接在 /setting 中设置为 Niji Model V6，如图 1-85 所示。

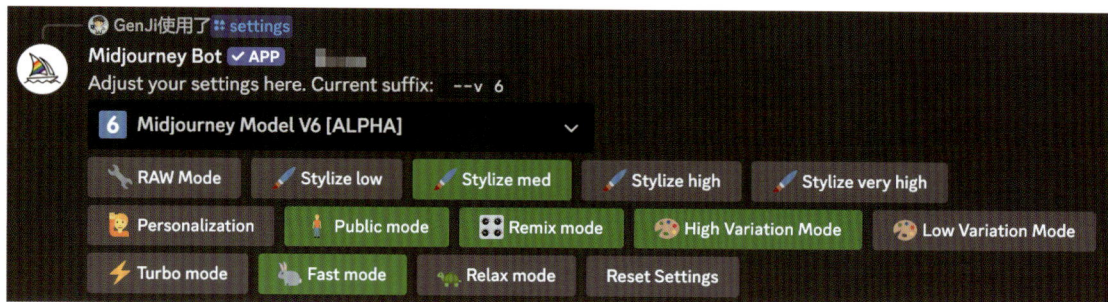

图1-85 直接在/setting中设置为Niji Model V6

第②章

指　令

在 Midjourney 中，指令用于生成图像、调整默认设置、查看用户信息和执行其他实用任务。在输入框中输入指令可以与 Midjourney 进行交互，目前，第 1 章用过的指令有 /imagine 和 /settings。在 Discord 程序的输入框中输入英文字符"/"，即可开始输入所需的指令。

2.1 生成图像：/imagine

/imagine 指令用于根据输入的提示词生成图像，它是 Midjourney 中最基本的指令。1.2.6 节详细介绍了如何使用 /imagine 指令来生成图像。

2.2 设置：/settings

/settings 指令用于配置 Midjourney 的相关属性。在输入框中输入 /settings，然后按回车键发送指令，将会弹出一系列可选项，如图 2-1 所示。随着 Midjourney 的不断更新，该界面的标签位置可能会有所变动。尽管位置可能不同，但同名标签的功能是相同的。

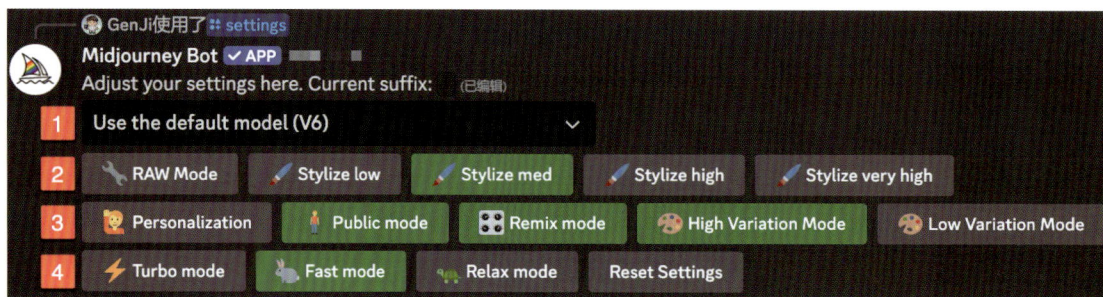

图2-1 输入/settings后的界面

在图 2-1 中，绿色标签表示的是当前正在使用的设置。从上到下，这些绿色标签依次表示生成普通质量的且与提示词相关的图像、公共模式、微调模式、高变化模式和快速模式。单击其他标签即可进行设置切换。

接下来，按照从上到下的顺序，逐行解释每个功能。

第 1 行的下拉框显示当前正在使用的 Midjourney 版本号。单击该下拉框，将弹出不同版本的列表，如图 2-2 所示。勾选标志指示当前使用的版本。若要切换到其他版本，直接单击相应版本即可。在图 2-2 所示的列表中，向下滚动鼠标可以查看 Midjourney 的所有版本。此设置操作与 --v 参数的功能相同，可用于切换 Midjourney 版本。通

过 /settings 设置的版本相当于设定了默认选项，但该默认设置可以被 --v 参数覆盖。例如，如果在图 2-1 所示的界面中设置了 V6 版本，又在提示词中通过 --v 设置为 v5，那么 Midjourney 最终将使用 V5 版本来渲染图像。

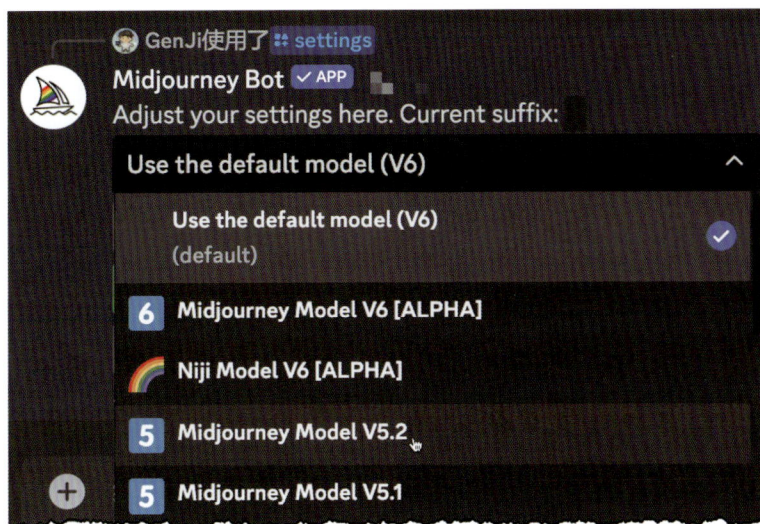

图2-2　设置版本

图 2-2 中还显示了以 Niji 开头的版本，这些版本专门用于生成动画风格的作品。本书建议优先使用 2024 年 3 月上线的 Niji Model V6。在图 2-2 所示的版本列表中将版本设置为 Niji Model V6，在输入框中输入 /imagine 指令时，系统会自动添加 --niji 6 参数，如图 2-3 所示。使用此设置生成的作品如图 2-4 所示。

图2-3　系统自动添加--niji 6参数

图 2-1 中编号为 2 的那一行用于设置关于图像生成风格的参数，有 RAW Mode、Stylize low、Stylize med、Stylize high、Stylize very high 5 种模式。Stylize 系列参数从 low 至 very high，生成图像的艺术性依次增强（即越来越偏离提示词的描述），消耗的 GPU 资源也依次增多。Stylize low 相当于 --s 50，Stylize med 相当于 --s 100，Stylize high 相当于 --s 250，Stylize very high 相当于 --s 750（--s 参数用于控制图像生成的风格化程度）。RAW Mode 是 Midjourney v5.1 版本中新增的一个模式，它旨在减少 AI 在根据用户输入的提示词生成图像时的"异想天开"。使用 RAW Mode 时，生成的图像将更少地受到 AI 自身风格和偏好的影响，从而更贴近用户输入的提示词。

图2-4 使用Niji Model V6生成的作品

编号为 3 的那一行中，Personalization 代表设置个性化微调的功能，对应 --p 参数。Public mode（公共模式）允许所有人查看生成的图像。Pro 和 Turbo 会员还可以选择 Stealth mode（隐身模式），在该模式下只有用户自己能看到生成的图像。Remix mode（微调模式）允许对局部风格进行调整。若选中该模式，则在进行 V 等变化操作时，可以在输入框中修改或添加新的提示；若取消该模式，则在单击变化类（如 V，Vary，Cutstom Zoom，方向键）标签时，系统将直接按照原始提示执行变化操作。High Variation Mode（高变化模式）和 Low Variation Mode（低变化模式）仅适用于 V5.2 及更高版本，如果版本低于 V5.2，即使选中这些模式也不会生效。

编号为 4 的那一行中，Turbo mode 是极速模式，Fast mode 是快速模式，Relax mode 是慢速模式。Reset Settings 用于一键恢复到 Midjourney 的默认设置。

2.3 反推提示词：/describe

/describe 指令可以根据用户上传的图像或图像链接生成 4 段提示词。该指令的使用方法如下。

　　首先，在输入框中输入 /describe，然后按回车键发送指令，此时弹出的界面如图 2-5 所示。选择 image 以反推指定图像的提示词。接着，将样图拖曳到图 2-6 所示的矩形框中上传。如果需要，还可以通过单击图 2-6 所示的"增加 1"按钮来添加另一张图像的链接，以便一起描述。但请注意，这一功能的使用率较低，此处不作演示。上传图像并确认后，按回车键发送指令。随后，Midjourney 生成了 4 段提示词，如图 2-7 所示。

图2-5　/describe

图2-6　上传图像

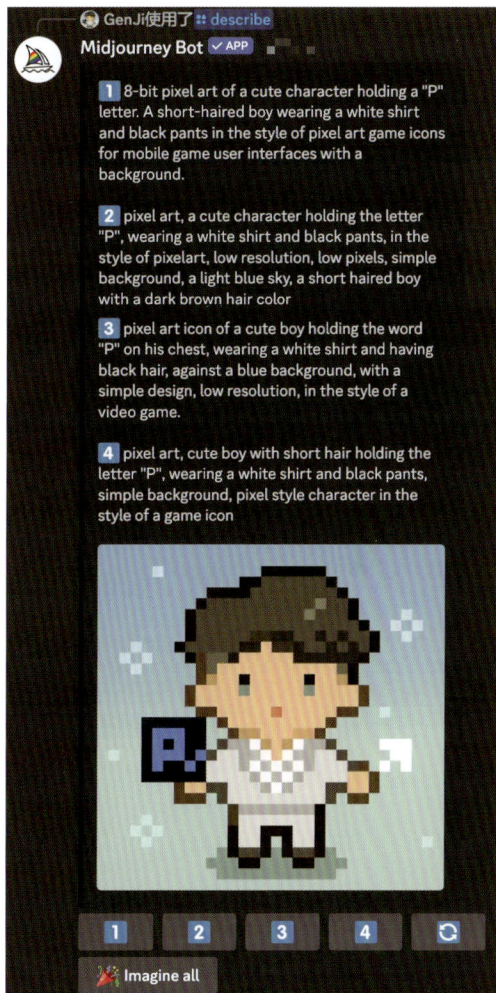

图2-7　生成提示词

　　图 2-7 下方的数字标签依次对应上面的 4 段提示词。如果想要使用特定的提示词生成图像，只需单击对应的数字标签。例如，如果你认为第 2 段提示词描述得比较清晰，那么就单击数字标签"2"，此时，弹出的提交界面如图 2-8 所示。如果你想要进一步优化提供的提示词，那么可以在输入框中添加新的内容或进行修改；如果你对提

示词没有异议，可以直接单击"提交"按钮。图 2-9 展示了提交后系统生成的作品。这些作品与原图（见图 2-6）有所差异，但整体风格趋于一致。

另外，如果你想同时使用由 /describe 指令生成的 4 组提示词来生成图像，则可以直接单击图 2-7 下方的 Imagine all。请注意，这样做的时间消耗将是单个标签的 4 倍。

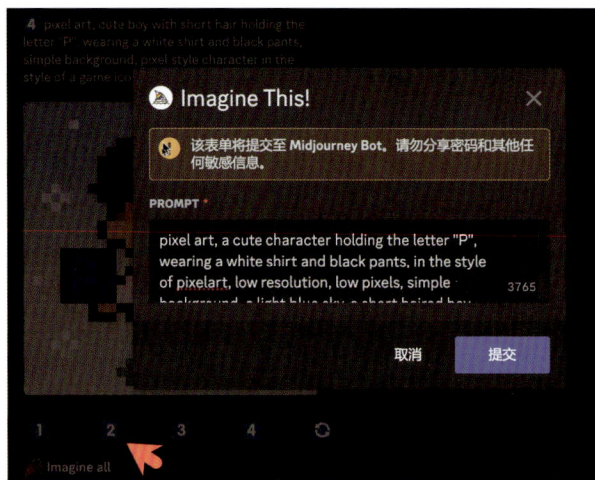

图2-8　提交界面

图2-9　系统生成的作品

下面介绍图 2-5 中的另一个选项 link。该选项可以反推出指定图像链接的提示词。此时，将样图拖曳至图 2-10 所示的矩形框内。确认上传链接无误后，按回车键发送指令。其余操作与选择 image 选项的后续操作相同，此处不再进行演示。

图2-10　上传链接

如果读者遇到心仪的图像作品却不知如何撰写提示词，可以使用 /describe 指令，让 Midjourney 官方提供提示词，然后读者进行修改。

2.4　相关信息：/info

/info 指令用于查看账户的订阅信息和工作模式信息等。每位读者的订阅内容可能不同，因此显示的信息也会有所差异，请以读者实际看到的信息为准。该指令的使用方法如下。

在输入框中输入 /info，按回车键发送指令，此时，弹出的界面如图 2-11 所示，

图 2-11 中包含以下信息：User ID 为用户 ID 值、Subscription 为订阅时间、Visibility Mode 为可见性、Fast Time Remaining 为快速模式的剩余时长、Lifetime Usage 为服务资源的使用量、Fast Usage 为快速模式的使用量、Turbo Usage 为极速模式的使用量、Relaxed Usage 为慢速模式的使用量、Queued Jobs(fast) 为快速模式排队的作业数、Queued Jobs(relax) 为慢速模式排队的作业数、Running Jobs 为运行作业。

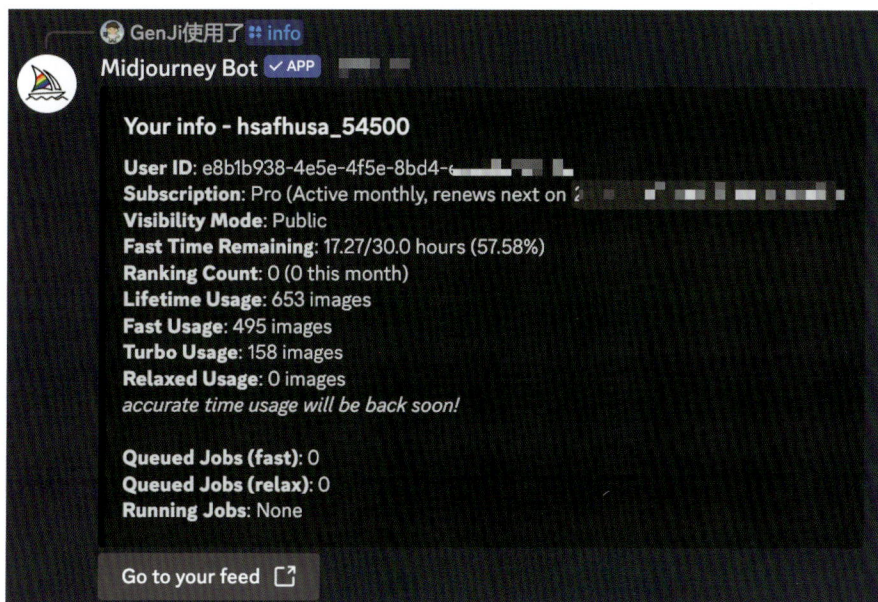

图2-11　/info

不同账户的作图时间各不相同，具体差异详见 1.2 节。当 Midjourney 执行渲染任务时，界面最下方的 3 个指标会显示时间消耗和排队数据，如图 2-12 所示。

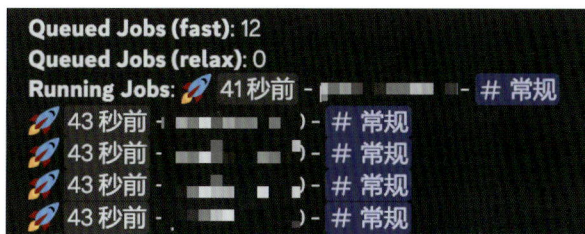

图2-12　时间消耗和排队数据

2.5　融图：/blend

/blend 指令可以将两张或多张图像融合以生成新的图像。可回顾 1.4.2 节中的相关介绍，以下是对该指令的补充说明：融合后的图像默认长宽比为 1∶1，可以使用

dimensions 参数来设置图像的长宽比，可选的值有 Portrait、Square、Landscape，分别代表 2 ： 3、1 ： 1、3 ： 2，适用于人像、正方形图像和风景照。

以下是融合两张尺寸不一样的图像的步骤。

首先，上传需要融合的图像，单击图 2-13 中箭头所指的"增加 4"，这将允许你添加额外的参数到指令中。然后，在弹出的提示框中选择 dimensions，再通过选择或者键盘输入来设定你想要的长宽比。例如，输入 Portrait 来设置 2 ： 3 的长宽比，设置完成后的界面如图 2-14 所示。

图 2-13 /blend

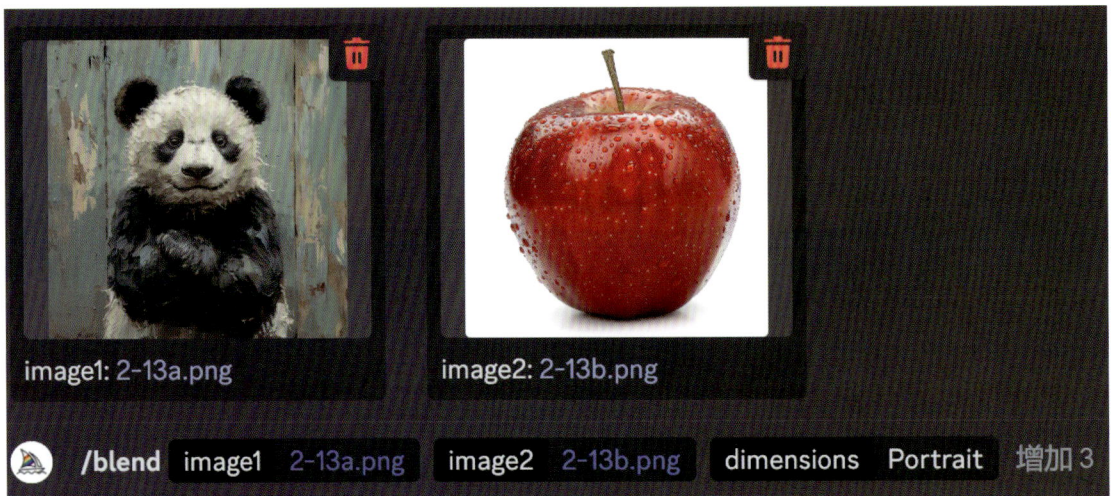

图 2-14 设置长宽比

如果需要添加更多用于融合的图像，可以单击图 2-14 所示的"增加 3"，重复上述步骤；如果不需要，则可以按回车键发送指令。默认的模型版本是 V6 版本。发送指令后，系统将根据你的设置进行融图，融图效果如图 2-15 所示。

图2-15　融图效果

从图 2-15 中可以看出，修改 dimensions 参数会影响最终的生成效果。因此，读者在融合图像时，需要根据上传图像的原始尺寸和自己的需求来自行调整目标尺寸。

2.6　快速模式：/fast

/fast 指令用于启动 Midjourney 的快速模式（Fast Mode）。

通过 /fast 指令设置快速模式，其效果等同于通过 /settings 指令进行配置。Midjourney 会根据指令发送前的设置来执行渲染。不同付费计划的每月 GPU 时间限额不同，区别详见 1.2 节。订阅的每月 GPU 时间即快速模式的可用时间。启用 /fast 指令后，Midjourney 将根据优先级处理任务，并消耗订阅的每月 GPU 时间。无论付费计划是什么，一旦快速模式的时间用尽，都需要额外付费以购买更多时长。

在使用 /fast 指令执行任务之前或之后，可以使用 /info 指令来查询当前剩余的 GPU 时间。

2.7　慢速模式：/relax

/relax 指令用于启动 Midjourney 的慢速模式（Relax Mode）。在 Midjourney 中，默认模式是快速模式，因为慢速模式下需要在服务器上排队，只有在排队完成后才会开始生成图像，生成图像的速度可能会有所波动。

通过 /relax 指令设置慢速模式，其效果等同于通过 /setting 指令进行配置。Midjourney 会根据指令发送前的设置来执行渲染。只有标准会员、Pro 会员或 Turbo 会员才能使用 /relax 指令，基础会员无法使用此功能。如果读者的 GPU 时间即将用尽，对于一些不急于出图的任务，可以选择切换为慢速模式。

2.8　极速模式：/turbo

/turbo 指令用于启动 Midjourney 的极速模式（Turbo Mode）。

通过 /turbo 指令设置极速模式，其效果等同于通过 /setting 指令进行配置。Midjourney 会根据指令发送前的设置来执行渲染。在极速模式下，生成图像的速度是快速模式的 4 倍，而生成一张图像消耗的 GPU 时间则是快速模式的一半。如果没有特殊需求，使用快速模式就足够了。

2.9　官方解惑：/ask

/ask 指令用于向 Midjourney Bot 提问并获取 Midjourney 官方提供的帮助信息。在输入框中输入 /ask，然后在弹出的界面中，在 question 后面的输入框内输入 How to write higher quality prompt（如何编写更优质的提示词），如图 2-16 所示，按回车键发送指令，Midjourney 的解答如图 2-17 所示。

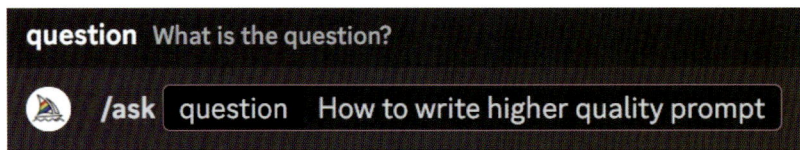

图2-16　用/ask提问

图2-17　解答

　　Midjourney 会将相关问题的参考答案以蓝色超链接的形式展示。读者单击图 2-17 所示界面中的"Here is a guide on effctive text prompts"超链接就可以跳转到文章内容界面（见图 2-18）。

图2-18　文章内容

> **说明**
>
> 需要用英文来描述问题。

2.10　帮助：/help

　　/help 指令用于显示 Midjourney 提供的有价值的帮助信息。在输入框中输入 /help，然后按回车键发送指令，弹出的界面如图 2-19 所示。图 2-19 展示了 Midjourney 提供的帮助文档链接，读者可以根据自己的需求进行查阅。

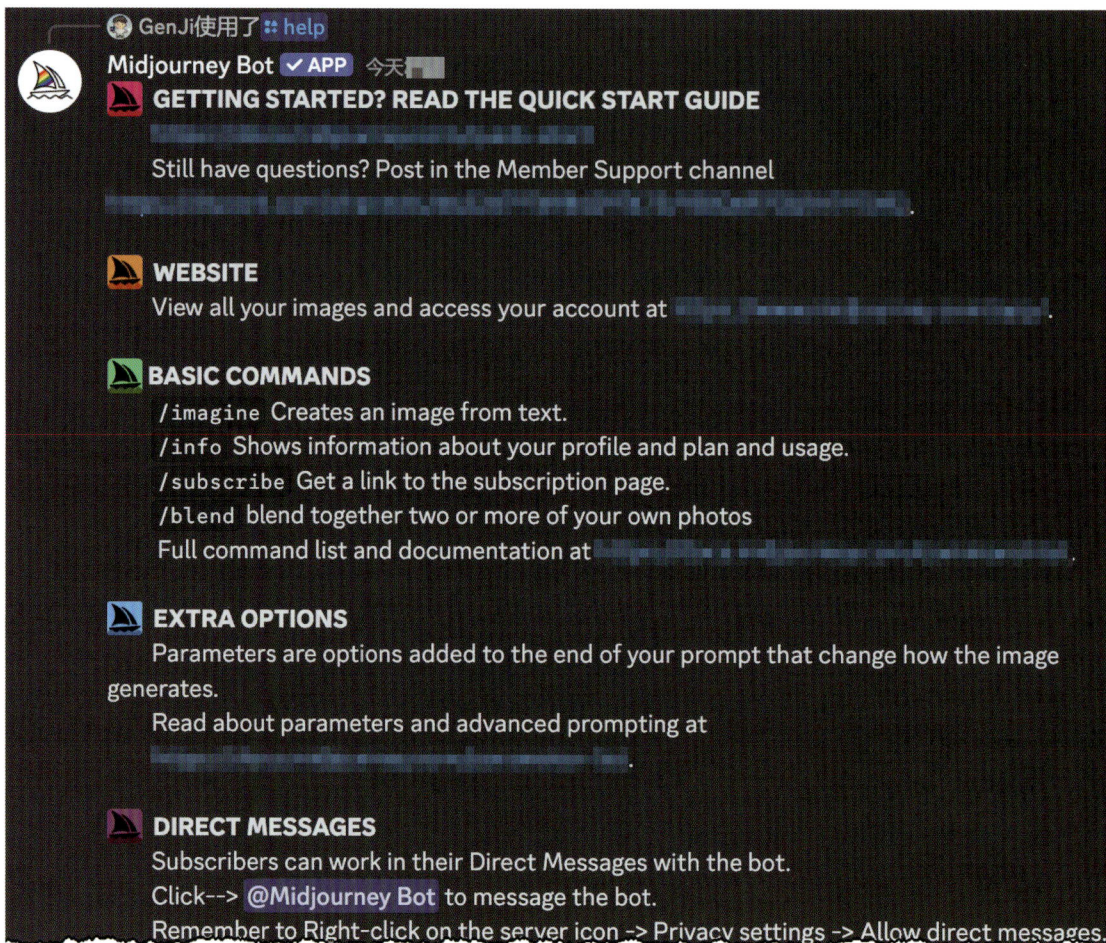

GenJi使用了 :: help

Midjourney Bot ✓ APP 今天

GETTING STARTED? READ THE QUICK START GUIDE

Still have questions? Post in the Member Support channel

WEBSITE
View all your images and access your account at

BASIC COMMANDS
/imagine Creates an image from text.
/info Shows information about your profile and plan and usage.
/subscribe Get a link to the subscription page.
/blend blend together two or more of your own photos
Full command list and documentation at

EXTRA OPTIONS
Parameters are options added to the end of your prompt that change how the image generates.
Read about parameters and advanced prompting at

DIRECT MESSAGES
Subscribers can work in their Direct Messages with the bot.
Click--> @Midjourney Bot to message the bot.
Remember to Right-click on the server icon -> Privacy settings -> Allow direct messages.

图2-19 /help

2.11 重新生成: /show

/show 指令可以用于将作品根据其 Job ID 移至另一服务器或频道,恢复丢失的任务,刷新旧任务以创建新的变体、升级,或使用更新的参数和功能。Job ID 是 Midjourney 为每个生成的图像分配的唯一标识符。

> **说明**
> 必须使用自己账户生成的图像的 Job ID 值,不可以使用其他用户的作品 ID。

例如,我们想要根据自己已生成的作品的 Job ID(207bc9f7-eff4-4166-94db-98797bcfbe58)来重新生成该图像,可执行以下操作。在输入框中输入 /show,然后输入 Job ID,指令界面如图 2-20 所示。按回车键发送指令,生成的作品如图 2-21 所示。

图2-20　指令界面

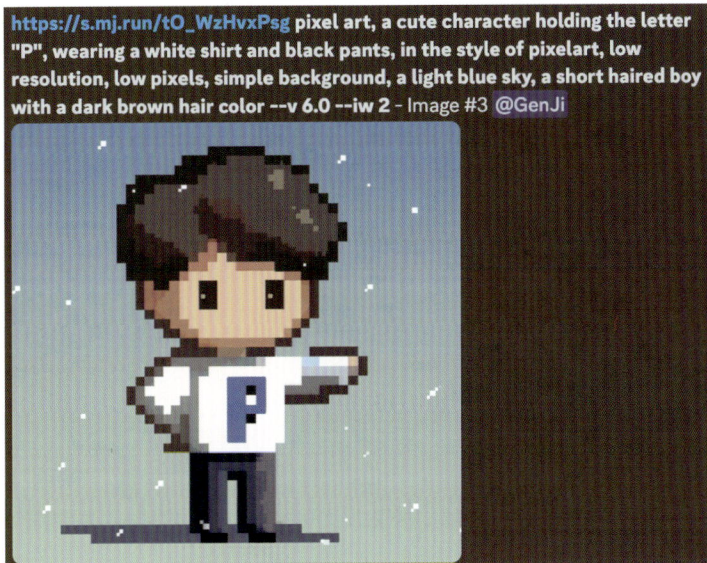

图2-21　生成作品

官方推荐的获取 Job ID 的方式是通过"信封"进行互动，将完成的任务发送至私人消息，具体操作如下。

在找到需要获取 Job ID 的作品后，右击该作品以弹出快捷菜单，选择添加反应→ envelope，操作如图 2-22 所示。稍等片刻，单击 Discord 界面左上角的私信图标（ ）。在 Midjourney 频道和私信中，你将收到包含图像的种子编号（seed）和 Job ID，如图 2-23 所示。单击最下方的 Jump to message 按钮，即可跳转到生成该图像的提示词位置。

图2-22　Job ID的获取方式

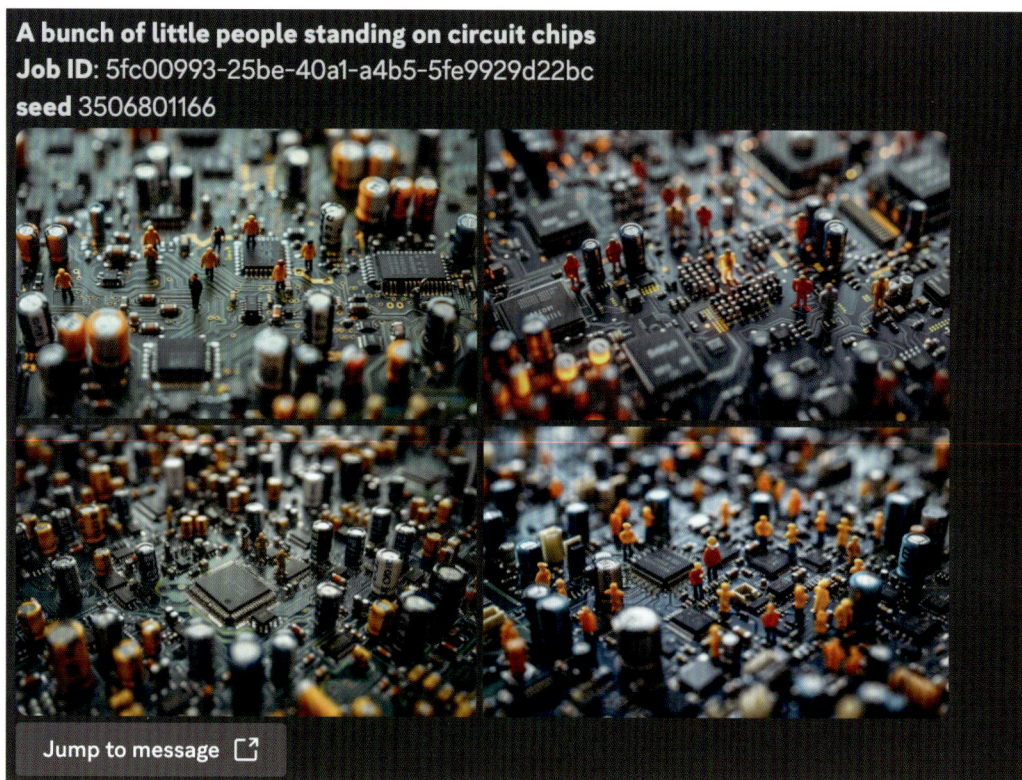

图2-23 Job ID和seed

2.12 隐身模式：/stealth

/stealth 指令用于启动隐身模式，即只有自己能看到生成的作品，其他用户无法查看。只有 Pro 会员和 Turbo 会员可以使用 /stealth 指令，基础会员和标准会员无法使用该指令。

2.13 公共模式：/public

/public 指令用于启动公共模式，在 Midjourney 中，默认情况下，个人生成的作品是公开的，所有用户都可以看到。

2.14 微调模式：/prefer remix

/prefer remix 指令用于对图像进行微调，其功能与图 2-1 中的 Remix mode 标签相同。如果已开启 Remix mode，那么在输入框中输入 /prefer remix，并按回车键发送指令，会弹出图 2-24 所示的关闭提示界面。

图2-24　关闭提示

此时，再次输入 /prefer remix 指令，就能重新开启 Remix mode，弹出的提示中将包含 turn on。/prefer remix 指令和 Remix mode 标签相当于同一个开关，都可以用于开启或关闭微调模式。

2.15　发送确认：/prefer auto_dm

/prefer auto_dm 指令可以将图像渲染完成的提示以私信形式发送给用户。

在输入框中输入 /prefer auto_dm，按回车键发送指令，将弹出图 2-25 所示的开启提示界面。开启私信确认后，每次图像渲染完成后，你会在 Discord 界面左上方的 Midjourney 服务器 logo 旁边收到提示，效果如图 2-26 所示。如果不需要每次渲染完成都收到提示，可以再次发送 /prefer auto_dm 指令来关闭该功能。

图2-25　开启提示　　　　　　　　　　　　　图2-26　完成提示

2.16　自定义选项：/prefer option set

/prefer option set 指令用于创建或管理自定义参数集。通过该指令，你可以将常用的参数或提示词打包，以便快速调用。例如，笔者经常需要设置的参数是 "--ar 3:4 --q 2 --no red"（尺寸 3：4，质量 2，不要有红色），为了避免每次都手动输入这些参数，就可以创建一个自定义选项来保存这些设置。以下是操作步骤。

在输入框中输入 /prefer option set，按回车键发送指令，弹出的界面如图 2-27 所示。

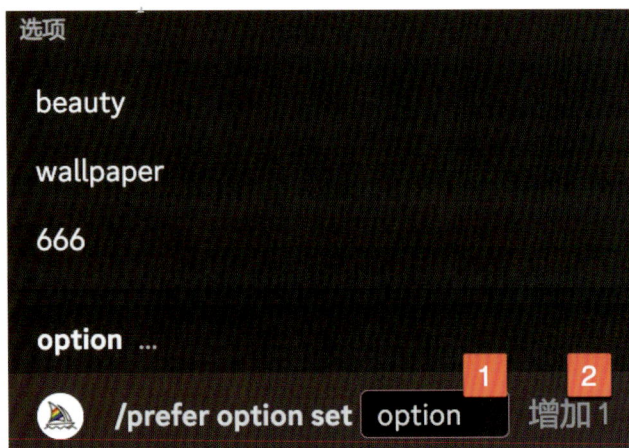

图2-27 /prefer option set

在图 2-27 中，beauty、wallpaper、666 是已设置好的自定义选项。在标记 1 所示的输入框中输入想要自定义的名称（如 GenJi），然后单击标记 2 所示的"增加 1"，在弹出的界面中选择 value。完成这些自定义设置后，输入框将变为图 2-28 所示的样子。

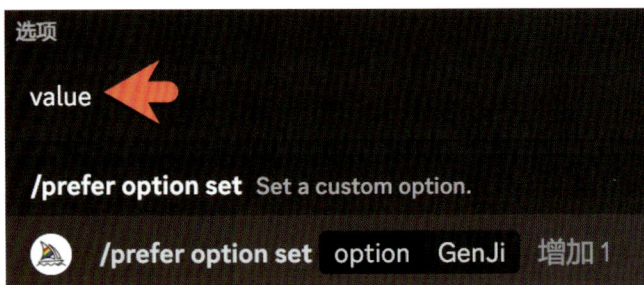

图2-28 自定义设置

然后，在 value 后面的输入框中，输入我们想要设置的值"--ar 3:4 --q 2 --s 350"，设置好的界面如图 2-29 所示。按回车键发送指令后，弹出的界面如图 2-30 所示。此时，自定义选项就设置完成了。

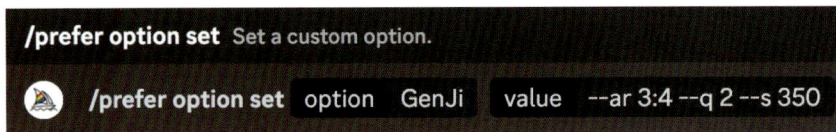

图2-29 设置value值

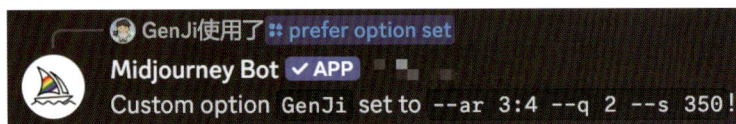

图2-30 自定义选项设置完成

此后，在任意提示词的末尾添加"--GenJi"，就等同于添加了"--ar 3:4 --q 2 --s 350"这些参数设置。自定义选项的 value 不仅可以设置参数，还可以设置提示词。

2.17 查看自定义选项：/prefer option list

/prefer option list 指令用于查看自定义选项。以下是操作步骤。

在输入框中输入 /prefer option list，按回车键发送指令，弹出的界面如图 2-31 所示。

图2-31 查看自定义选项

图 2-31 展示了已经自定义的 4 个参数：beauty、wallpaper、666、GenJi。

2.18 自动添加后缀：/prefer suffix

/prefer suffix 指令用于在每次提示词输入的最后批量添加指定的参数后缀。以下是操作步骤。

在输入框中输入 /prefer suffix，按回车键发送指令，在弹出的界面中选择 new_value，如图 2-32 所示。

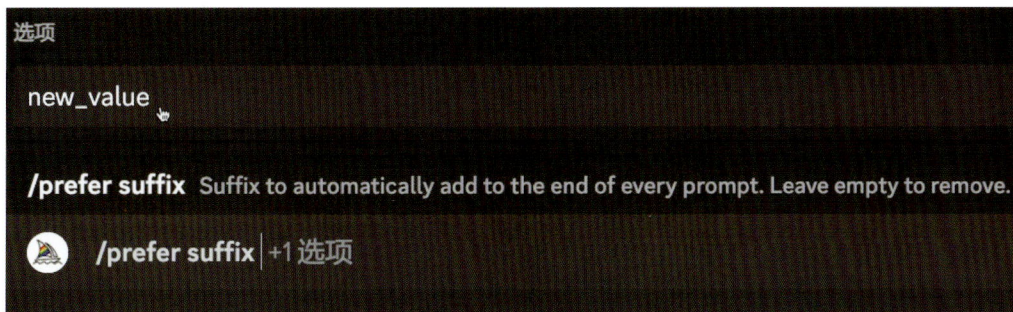

图2-32 /prefer suffix

然后，在 new_value 后面的输入框中输入想要添加的后缀，如 inventive IP designs --s 750 --q 2（创造性 IP 设计，-- 风格化 750 -- 质量 2），如图 2-33 所示。按回车键发送指令，如果设置成功，界面将显示添加成功的信息，如图 2-34 所示。

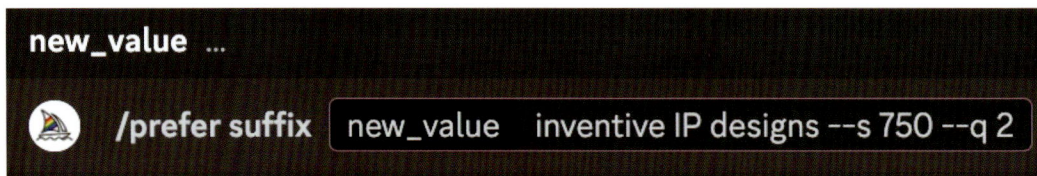

图2-33　设置后缀内容

图2-34　后缀添加成功

此后，当输入任何提示词时，Midjourney 都会自动在提示词的末端添加刚刚设置的后缀内容。如果不再需要自动添加指定后缀，再次发送 /prefer suffix 指令就能取消该设置。

2.19　开启高变化：/prefer variability

/prefer variability 指令用于开启高变化模式。具体而言，高变化模式产生的新图像在构图、元素数量、颜色以及细节类型上与原始图像存在较大差异，而低变化模式则生成与原始图像差异较小的图像变体。/prefer variability 的功能与图 2-1 中的 High Variation Mode 标签相同。该指令仅适用于 V5.2 版本及更高的版本。

2.20　精简提示：/shorten

/shorten 指令用于精简和优化输入的提示词。以下是操作步骤。在输入框中输入 /shorten 指令，并输入一段复杂的提示词，如 A white rabbit with pink ears is sitting on the green grass, looking at me curiously with its head tilted to one side and a smile on its face. The background of sunlight shining through leaves creates soft light spots that highlight details. In the style of photorealistic photography，按回车键发送指令，/shorten 后的结果如图 2-35 所示。在图 2-35 中，红色标记 1 处显示了被划掉的词（如 looking），这表

示 Midjourney 认为这些词是不需要的无效提示词；红色标记 2 处提供了更精简的提示词。

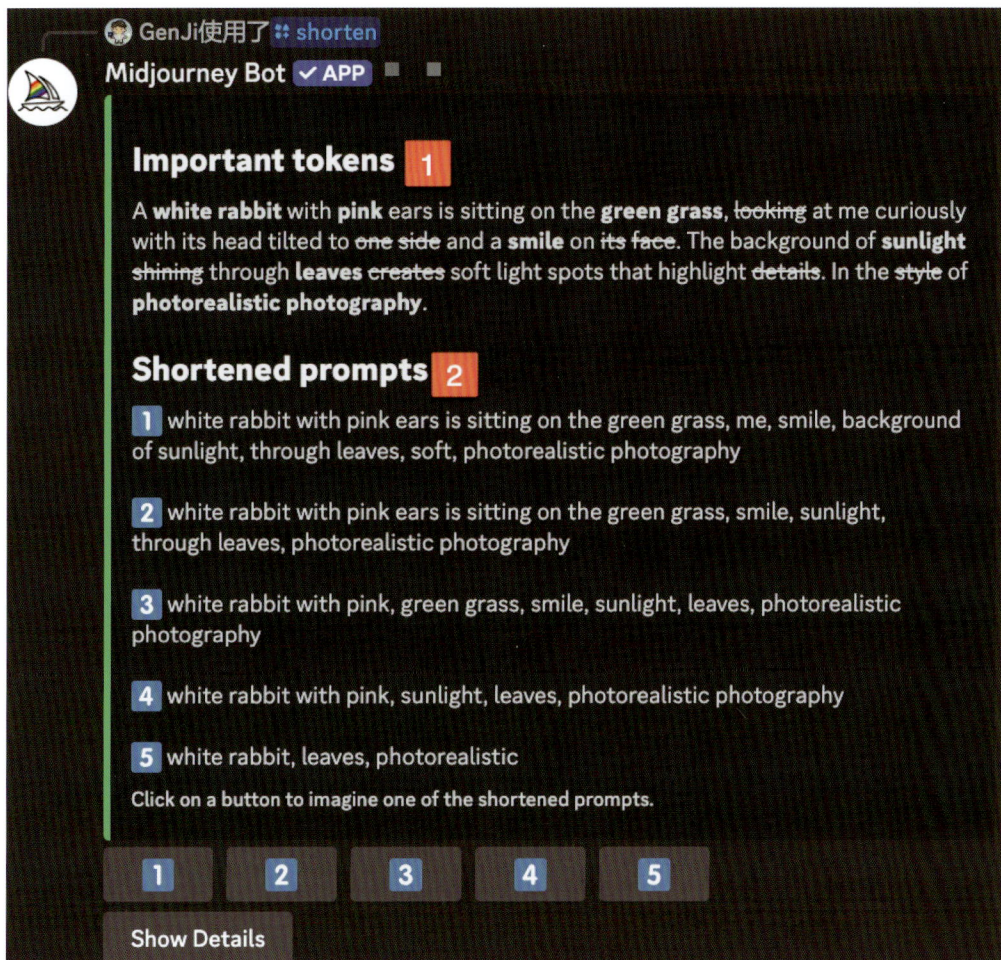

图2-35　/shorten后的结果

　　单击下方的数字标签会根据相应的提示词生成图像。选择某个精简后的提示词后，会弹出一个提示框，如果不需要修改，可以直接单击"提交"按钮。

　　如果单击图 2-35 下方所示的 Show Details（显示细节）标签，就会看到图 2-36 所示的内容。

　　在图 2-36 中，红色标记 1 处显示了提示词中各个词的权重值，并按照从大到小的顺序排列。例如，rabbit 拥有最高的权重 1.00，这表明它是本提示词的核心。图 2-36 下方的数字标签和图 2-35 中的相同，都表示精简版提示词。

　　使用 /shorten 指令可以对提示词进行"瘦身"，从而可以更方便地撰写优质且有效的提示词。

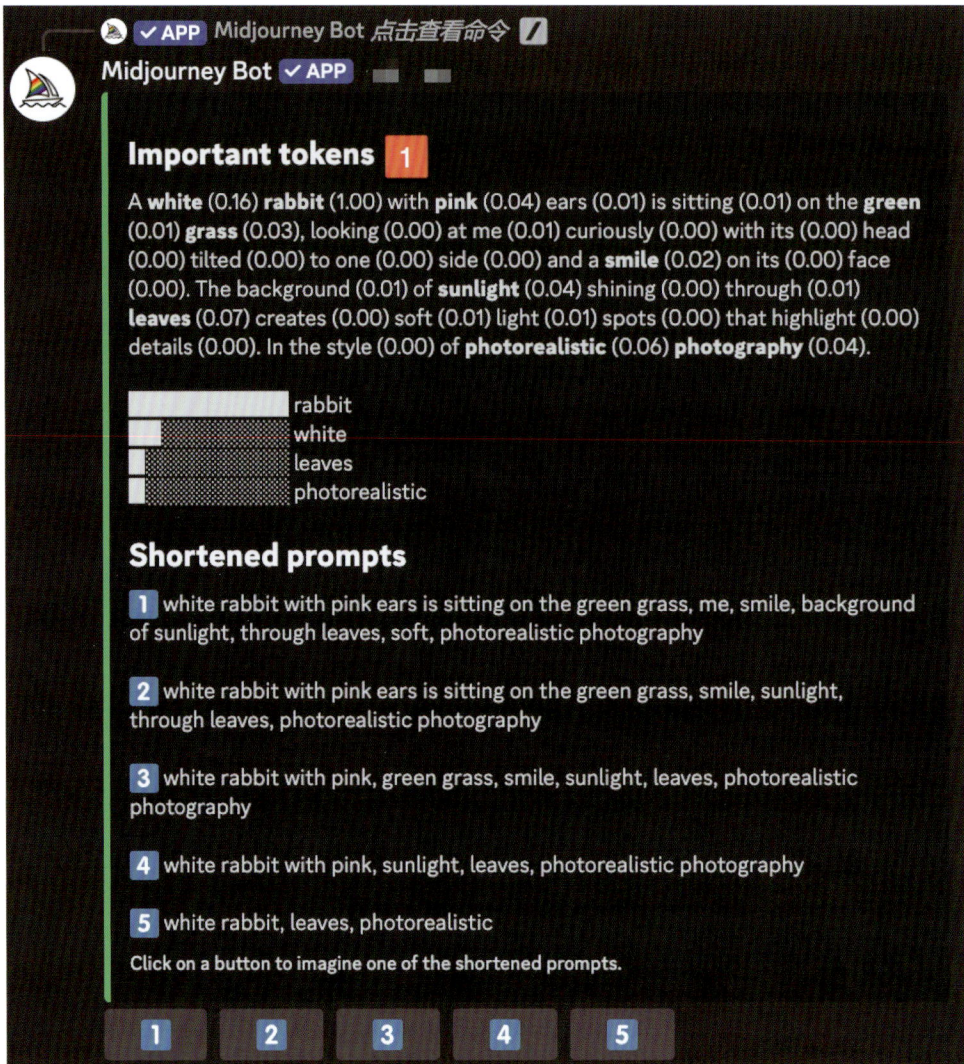

图2-36 显示细节

2.21 查看账户ID：/userid

/userid 指令用于查看自己的账户 ID。使用方法如下。

在输入框中输入 /userid，按回车键发送指令，即可查看账户 ID，如图 2-37 所示。

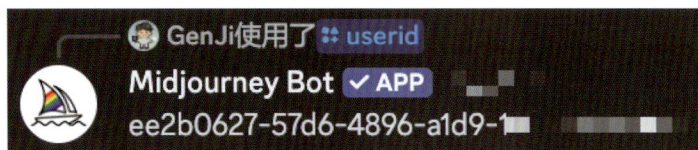

图2-37 查看账户ID

在 MidJourney 平台上，每位用户都拥有一个唯一的账户 ID，该 ID 用于准确识别和区分不同的用户。管理员可以利用账户 ID 来管理用户的权限，例如，授予特定用户特殊的访问权限或管理权限。

2.22　训练自己的小模型：/tune

/tune 指令可以训练自己的小模型，也可以调用他人已训练好的模型。其使用流程大致可以概括为：选择合适的图像，获取其风格代码，根据这个风格代码生成具有类似风格的图像。以下是操作步骤。

在输入框中输入 /tune，并输入如下提示词。

Prompt： low contrast, low saturation, Morandi color scheme
提示词： 低对比度、低饱和度、莫兰迪色系

弹出的界面如图 2-38 所示。

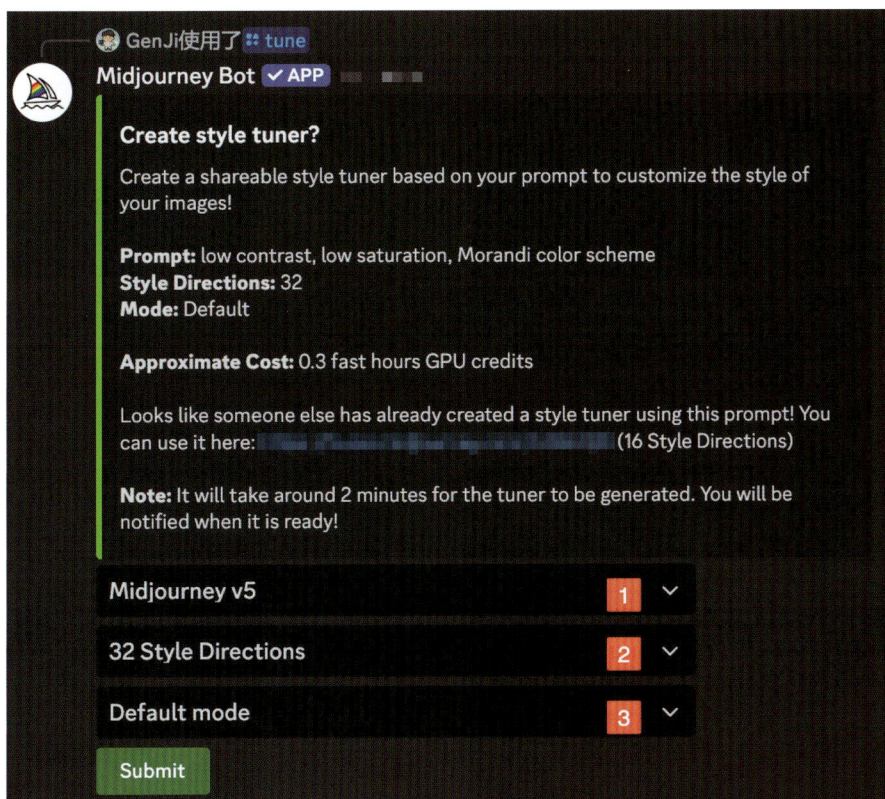

图2-38　设置tune

图 2-38 中标记 1 处的下拉框用于选择版本。因为 /tune 指令目前仅兼容 V5.2 版本，

所以保持默认的 Midjourney v5 即可。

图 2-38 中标记 2 处的下拉框用于选择风格方向数量。默认有 4 个选项：16、32、64 和 128。如果选择 32，那么 Midjourney 将生成 64 张图像，每两张图像为一组，每组代表一种风格方向。用户需要在每组的两张图像中选择自己喜欢的一张，也可以都不选。最终，用户的选择将合并起来，共同定义这种风格。选择的风格方向数量越多，消耗的快速 GPU 时间也就越多。例如，选择 32 个风格方向将消耗 0.3 小时，64个将消耗 0.6 小时，128 个将消耗 1.2 小时。一般选择 32 就能得到较满意的效果。

图 2-38 中标记 3 处的下拉框用于选择风格方向的模式，默认有 2 个选项：Default mode 和 Raw。前者为默认模式，后者可以理解为算法模型的原生图像模式，该模式下模型不会根据自主观点改变图像内容和风格，内容更加接近提示词所描述的内容。

完成选择后，单击最下方的 Submit 按钮，它会变成 "Are you sure?" 确认按钮，继续单击，进入生成阶段，如图 2-39 所示。训练过程结束后，会弹出生成结果链接，如图 2-40 所示。单击蓝色链接，即可跳转到模型生成界面，如图 2-41 所示。

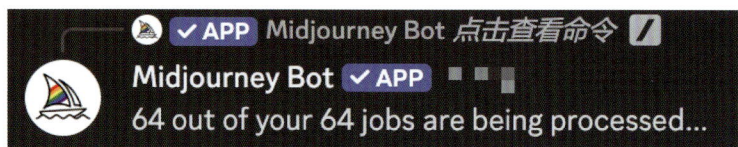

图2-39　进入生成阶段

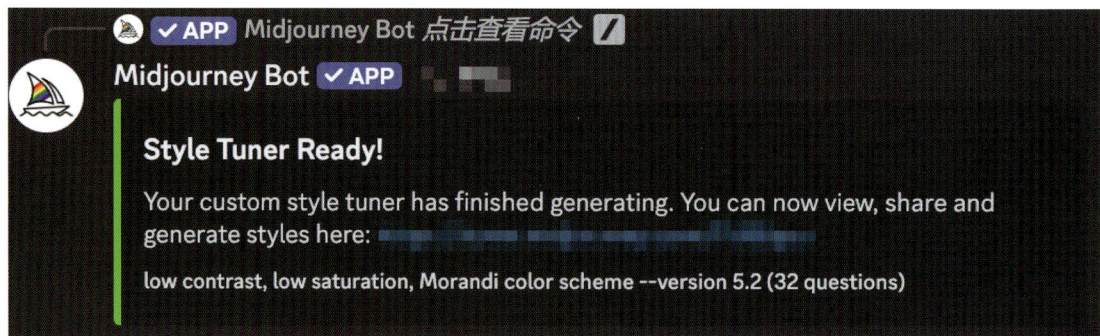

图2-40　/tune生成结果

图 2-41 展示了我们定义的提示词（见标记 1）、基本规则的说明，以及选择模式（见标记 2）。标记 2 处默认的选项是 Compare two styles at a time。如图中红色矩形框的第 1 组图像所示，每组有 4 张图像。用户可以选择左边的风格方向，也可以选择右边的风格方向，如果没有心仪的风格方向，也可以选择中间的框。剩余的组别可以通过滚动鼠标滑轮查看。

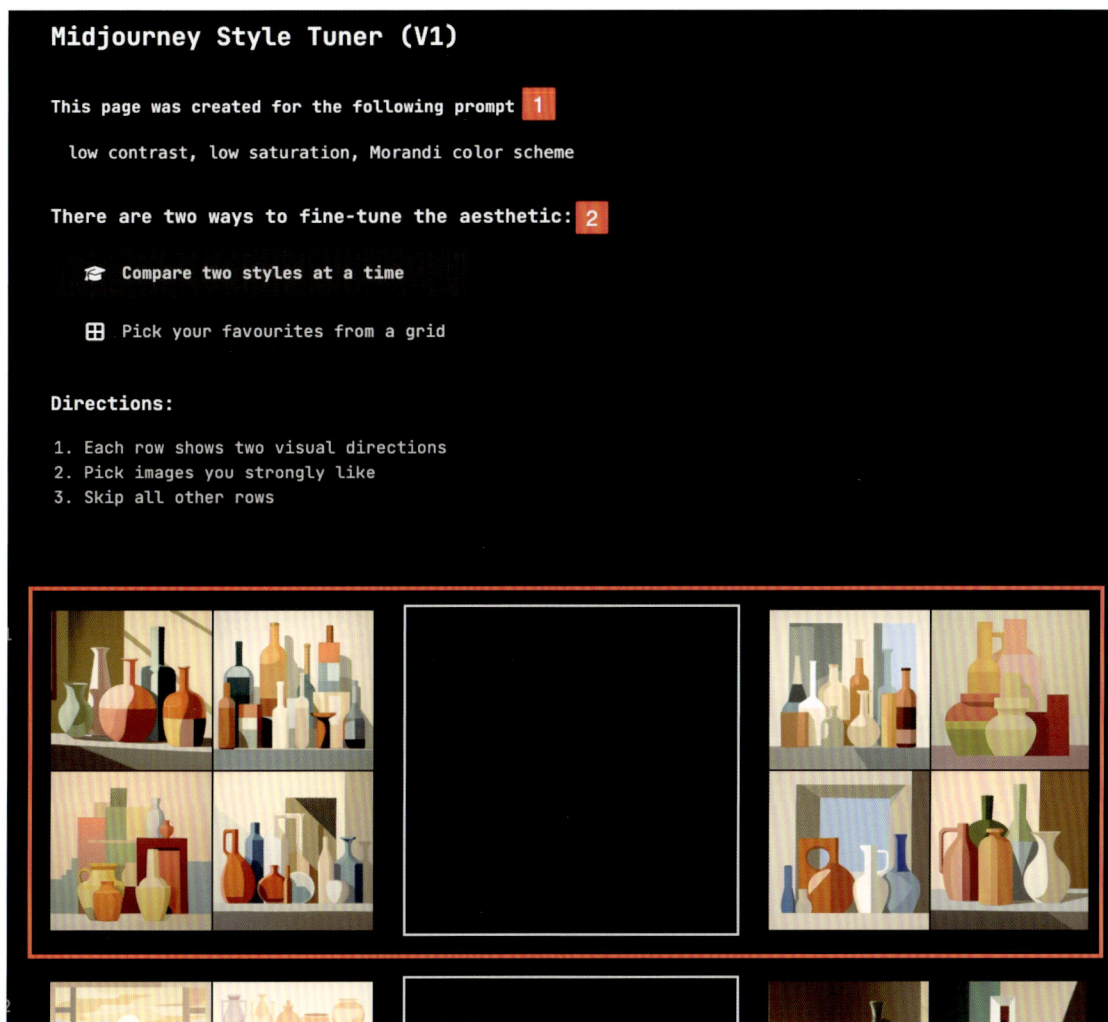

图2-41　模型生成界面

如果选择标记 2 处的 Pick your favourites from a grid 选项，用户需要在每组的左右两张图像之间选择，如图 2-42 所示。

> **说明**
>
> 用户不需要对生成的每一组图像进行选择。并非选的图像越多，训练效果就越理想。本书推荐选择 5 ~ 10 种风格方向。

选择某个作品后（见图 2-43 标记 1），网页底部会出现一个临时 code（风格代码）（见图 2-43 标记 2），该 code 可以用在 Prompt 中，将定义后的风格应用于提示词。

当我们从生成图像中选择多张接近自己想要的风格表达的图像后，滚动到页面最下方会出现新的 code（见图 2-44 标记 1）。

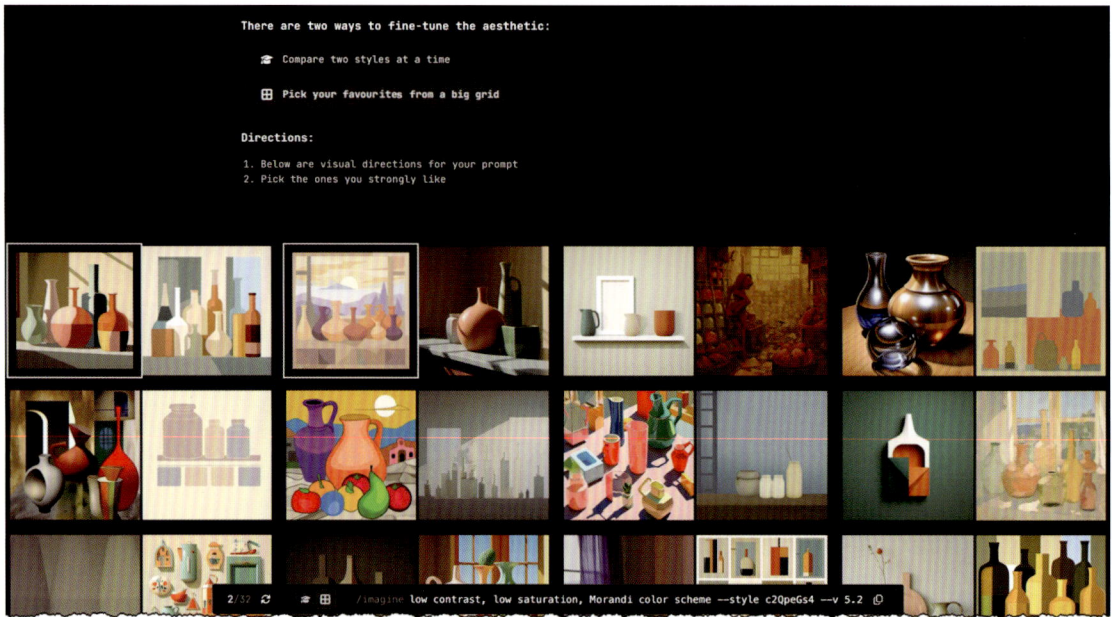

图2-42　Pick your favourites from a grid

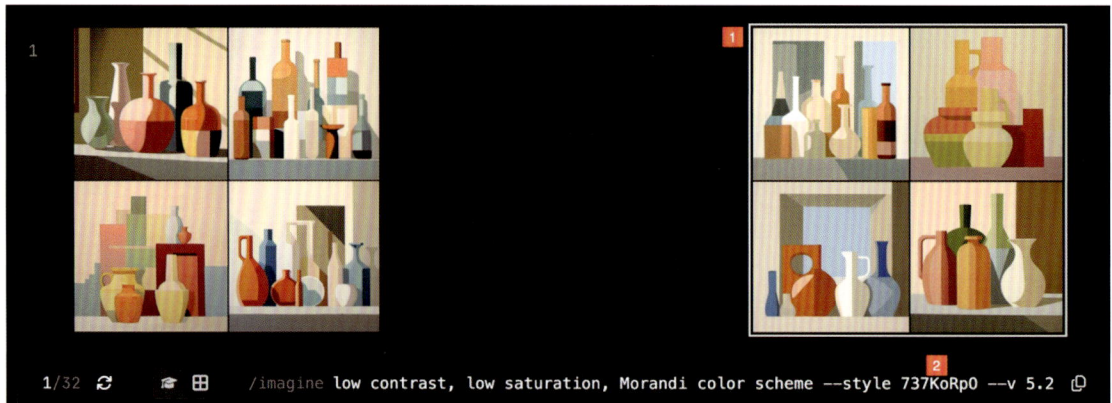

图2-43　code示例

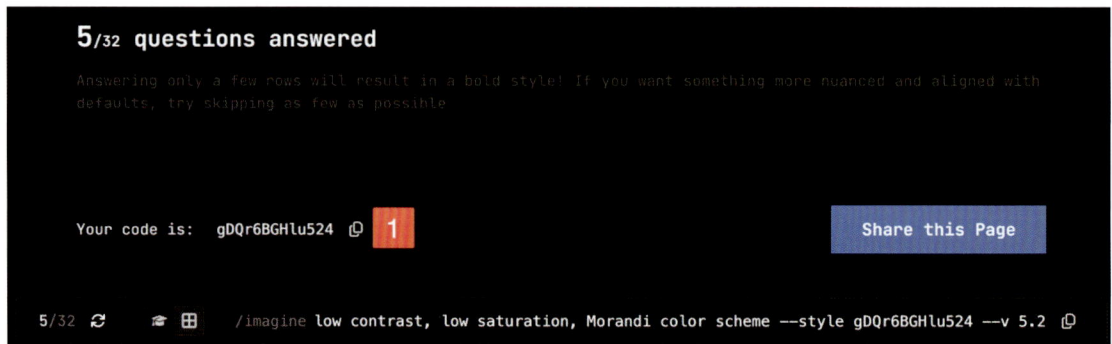

图2-44　新的code

此时，我们可以根据得到的风格代码，生成类似风格的图像。例如，使用图 2-44 中的 code 值，在提示词末尾加上 --style code 就可以启用该风格。

图 2-45 展示了生成的作品，其效果与已选择的风格非常一致。

Prompt：a young astronaut, in the style of sci-fi --style gDQr6BGHlu524 --v 5.2
提示词：一位年轻的宇航员，科幻风格 —— 风格 gDQr6BGHlu524 --V5.2 版本

图2-45　生成作品

编辑风格的网页链接不是一次性的，因此推荐用户维护一个自定义风格的网页列表，方法详见 2.23 节。这些风格代码也可以分享给其他人使用，目前已有一些分享风格代码的网站。使用 /tune 后，用户不再局限于 Midjourney 默认的绘画风格，可以打造出独一无二的个人风格。

2.23　所有风格调音器的列表：/list-tuners

/list-tuners 指令用于生成用户使用 /tune 指令创建的所有模型的列表。以下是使用方法。

在输入框中输入 /list-tuners，按回车键发送指令，弹出的模型列表如图 2-46 所示。图 2-46 显示了用户创建的所有模型。如果用户只创建了一个 32 位模型，那么列表中只会显示这一个模型。如果用户创建了多个模型，那么所有创建的模型都会在这里显示。每个模型旁边都有一个链接。单击这个链接可以跳转到相应模型的创建界面，从而可以查看、编辑或使用该模型。

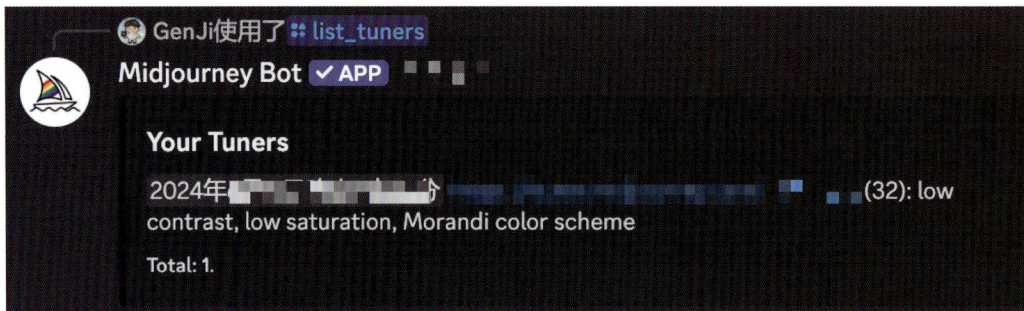

图2-46 模型列表

2.24 反馈：/feedback

/feedback 指令允许用户交换对 Midjourney 的建议和想法，并对他人的反馈进行评分。你可以在 Midjourney 的 Discord 服务器中输入命令 /feedback，接着详细阐述你遇到的问题或提出建议。这将有助于 Midjourney 团队了解用户的需求和遇到的问题，进而作出相应的优化和改进。

2.25 邀请：/invite

/invite 指令用于从 Discord 获得 Midjourney 服务的邀请链接。若你希望邀请朋友或同事加入 Midjourney 的 Discord 服务器，可以使用 /invite 命令。在 Midjourney 的 Discord 服务器中输入 /invite，系统将自动生成一个邀请链接。你可以将此链接转发给想要邀请的人。待对方单击该链接后，便能加入 Midjourney 的 Discord 服务器，并开始体验 Midjourney 的各项功能。

第 **3** 章

参　数

在 Midjourney 中，用户可以通过在提示词最后添加参数来自定义生成图像的尺寸、风格、创意、版本等。需要注意的是，"--"后必须使用英文字符。参数只能添加到提示词的末尾，但可以同时添加多个参数。

3.1 图像尺寸：--ar或--aspect

使用 --ar 或 --aspect 参数可以调整图像尺寸，即 Midjourney 生成的作品的纵横比（aspect ratio）。V1 到 V4 版本使用 --aspect，V5 版本及其之后的版本既可以使用 --ar，也可以使用 --aspect。为了方便记忆，直接使用 --ar 即可。

> **说明**
>
> --ar a:b 中，V4 版本的 a:b 只支持 1:1、3:2 或 2:3，V5 版本则只要求 a 和 b 是整数。例如，2:1.8 是不行的。如果不指定 a 和 b，则默认生成作品的尺寸为 1:1。

下面推荐一些常用的尺寸比例。

- ▶ --ar 1:1 为默认纵横比。
- ▶ --ar 3:4 为社交平台（如小红书）常用尺寸。
- ▶ --ar 5:4 为常见的框架和打印比例。
- ▶ --ar 16:9 为高清电视或笔记本屏幕尺寸。
- ▶ --ar 9:16 为智能手机屏幕尺寸。

尺寸比例已标准化，如 --ar 16:9 与 --ar 1920:1080 表示相同的图像尺寸。

3.2 图像质量：--q或--quality

使用 --q 或 --quality 参数可以调整生成图像的质量，即生成作品的精细程度。V1 到 V4 版本使用 --quality，V5 版本及其以后的版本既可以使用 --q，也可以使用 --quality。为了方便记忆，直接使用 --q 即可。

--q 包含 3 个可选值：0.25、0.5、1，其中默认值为 1。数值越大表示图像细节越丰富，同时所需的 GPU 渲染时间也越多。在输入框中输入 /imagine，并输入如下提示词。

Prompt：cute panda playing on the beach --v 6 --q n
提示词：可爱的熊猫在沙滩上玩耍 -- 版本 6 -- 质量 n

其中，n 依次为 0.25、0.5、1 时，生成的作品依次为图 3-1 ～图 3-3。

图3-1　--q 0.25

图3-2　--q 0.5

图3-3 --q 1

q 值越大，渲染时间越长，消耗的订阅时长也越多，同时图像细节表现得更加精细，例如沙滩、运动场景以及熊猫的毛发都会显得更有质感。

> **说明**
>
> q 值并不会影响图像的分辨率。并非 q 值越大生成的图像越好，对于不同类型的图像，有时较低的 q 值反而能获得更好的效果。较低 q 值更适用于抽象场景的生成，而较高 q 值则更适合需要丰富细节的场景。

3.3 版本选择：--v或--version

使用 --v 或 --version 参数可以选择 Midjourney 的底层算法模型的版本。V1 到 V4 版本使用 --version，V5 版本及其以后的版本既可以使用 --v，也可以使用 --version。为了方便记忆，直接使用 --v 即可。

--v 包含 8 个可选值：1、2、3、4、5、5.1、5.2、6。如果直接输入 --v 5，系统会自动应用 style 5b 风格，若要切换到另一种风格，需输入 --v 5 --style 5a。不同参数在各版本中的兼容性如表 3.1 所示。

表3.1　不同参数在各版本中的兼容性

参数	版本				
	V6	V5	V4	V3	Niji
aspect	✓	✓	✓	✓	✓
quality	✓	✓	✓	✓	✓
chaos	✓	✓	✓	✓	✓
stylize	✓	✓	✓	✓	✓
weird	✓	✓	✓	✗	✓
seed	✓	✓	✓	✓	✓
iw	✓	✓	✗	✓	✗
style	✓	✗	✗	✗	✗
stop	✓	✓	✓	✓	✓
tile	✓	✓	✗	✓	✗
no	✓	✓	✓	✓	✓
repeat	✓	✓	✓	✗	✗
niji	✓	✓	✓	✗	✓
p	✓	✓	✗	✗	✗
sref	✓	✗	✗	✗	✓
sw	✓	✗	✗	✗	✓
cref	✓	✗	✗	✗	✓
cw	✓	✗	✗	✗	✓
video	✓	✓	✗	✓	✗

　　初学者通常不需要指定 --v，系统默认使用的是 V6 或更新的版本。各个版本之间的区别详见 1.5 节。切换版本的操作详见 2.2 节。

3.4　变化程度：--c或--chaos

　　使用 --c 或 --chaos 参数可以调整生成图像的变化程度，这代表了图像生成的创意水平。V1 到 V4 版本使用 --chaos，V5 版本及其以后的版本既可以使用 --c，也可以使用 --chaos。为了方便记忆，直接使用 --c 即可。

　　--c 的默认值为 0，其取值范围为 0 ～ 100 的任意整数。

　　在输入框中输入 /imagine，并输入如下提示词。

Prompt： panda read a book in front of your desk, natural light, indoor --v 6 --c n
提示词： 熊猫在书桌前读书，自然灯光，室内 -- 版本 6 -- 变化 n

其中，n 依次为 0、50、100 时，生成的作品依次为图 3-4 ～图 3-6。

由此可见 --c 参数对生成图像变化程度的影响。c 值较低时，生成的图像在构图上较为相似，同时仍能保持熊猫的主体形象；而当 c 值较高时，风格和构图上的差异会更加显著，可能会产生意想不到的作品。如在图 3-6 中，已经出现了偏离熊猫主体形象的画风，图像显得较为奇怪。

图3-4　--c 0

图3-5　--c 50

图3-6　--c 100

3.5　风格化程度：--s或--stylize

使用 --s 或 --stylize 参数可以调整生成图像的风格化程度，即生成图像与提示词之间的艺术性程度。V1 到 V4 版本使用 --stylize，V5 及其之后的版本既可以使用 --s，也可以使用 --stylize。为了方便记忆，直接使用 --s 即可。

对于不同版本的 Midjourney，--s 参数具有不同的取值范围，具体如表 3.2 所示。

表3.2　--s取值范围

版本	V5，V5.1，V5.2，V6	V4	V3	Niji 5
默认值	100	100	2500	0
取值范围	0 ~ 1000	0 ~ 1000	625 ~ 60000	0 ~ 1000

在输入框中输入 /imagine，并输入如下提示词。

Prompt：2D graphic novel style female anthropomorphic teen panda character, 15 years old , long black pony tail from top of head, ninja --v 6 --s n

提示词：2D 图形小说风格的女性拟人化青少年熊猫角色，15 岁，从头到脚的黑色马尾辫，忍者风格 --版本 6 -- 风格化 n

其中，n 依次为 0、50、250、650、1000 时，生成的作品依次为图 3-7 ~ 图 3-11。

图3-7　--s 0

图3-8　--s 50

图3-9 --s 250

图3-10 --s 650

图3-11　--s 1000

由此可见，s 值越高，图像的艺术性越强烈，但与此同时，生成图像与原始提示之间的偏差也会增大。当 --s 参数设置为 650 时，整体图像效果最为理想。2.2 节提到了 --s 参数与 Midjourney 打包好的 Stylize 系列的设置的关系，具体如下：Stylize low 对应 --s 50，Stylize med 对应 --s 100，Stylize high 对应 --s 250，Stylize very high 对应 --s 750。

3.6　另类化程度：--w或--weird

使用 --w 或 --weird 参数可以调整生成图像的另类化程度，即让生成的图像变得更加古怪和独特。--w 参数仅适用于 V5.1 及其后续版本。为了方便记忆，直接使用 --w 即可。

--w 的默认值为 0，其取值范围为 0 ～ 3000 的任意整数。

在输入框中输入 /imagine，并输入如下提示词。

Prompt： a traditional Chinese tofu dim sum is served in a delicate porcelain bowl, it is placed on a wooden table, and the sun shines on the table, exquisite details --v 6 --w n

提示词： 一份传统的中国豆腐点心，装在一个精致的瓷碗里，被放在一张木桌上，阳光洒在桌子上，精致的细节 -- 版本 6 -- 另类化 n

其中，n 依次为 0、250、500、1500、3000 时，生成的作品依次为图 3-12～图 3-16。

图3-12　--w 0

图3-13　--w 250

图3-14   --w 500

图3-15   --w 1500

图3-16 --w 3000

由此可见，--w 参数的值越高，整体画风就会变得越独特且难以预测。如果提示词本身具有较强的另类特性，那么 --w 参数会根据这些提示来调整图像的另类化程度。需要注意的是，--weird 参数与 --seed 参数不兼容。

3.7 图像微调：--seed

使用 --seed 参数可以对图像进行微调。seed 值是 Midjourney 生成图像的唯一编码，类似于证件号码。每张图像的 seed 值是随机生成的，使用相同的 seed 值和提示词可以得到相似但不完全相同的最终图像。V4 及其后续版本中，seed 的取值范围为 0 ～ 4294967295 中的任意整数。获取 seed 值的方式详见 2.11 节。需要注意的是，seed 值和 2.11 节中提到的 Job ID 一样，仅对自己生成的作品有效，无法用于"复刻"他人的作品。

现在，我们使用一张已生成的样图，并获取其 seed 值。如图 3-17 所示，参考图的 seed 值为 557389228。在输入框中输入 /imagine，并输入如下提示词来生成机器熊猫的图像，如图 3-18 所示。

图3-17　获取seed值

Prompt：robot panda,disney −−v 6 −−seed 557389228
提示词：机器熊猫，迪士尼 −− 版本 6 −− 种子值 557389228

图3-18　机器熊猫

图 3-18 展示了基于图 3-17 生成的 4 张具有不同变化的新图像。若通过 U 操作对这 4 张图像中的任意一张进行放大，其 seed 值仍与原始图像的 seed 值保持一致。

3.8 图像权重：--iw

使用 --iw 参数可以对图像进行精细调整。iw 是 Image Weight（图像权重）的缩写。在 V5 版本及其之后的版本中，--iw 的默认值为 0.5，其取值范围为 0.5 ~ 2。V4 版本不支持该参数，V3 版本中 --iw 的默认值为 0.25，其取值范围为 -10000 ~ 10000。建议读者在 V5 及其后续版本中使用 --iw 参数。

首先，上传一张参考图，并获取其链接。上传的具体操作详见 1.4.3 节。上传完成后，右击内容区域，在弹出的选项中选择"复制链接"，如图 3-19 所示。

图3-19　复制链接

在输入框中输入 /imagine，并输入如下提示词。

Prompt：链接地址 robot panda --v 6 --iw n
提示词：链接地址 机器熊猫 -- 版本 6 -- 参考值 n

其中链接地址为复制好的参考图的链接，n 依次为 0.5、1.5、2 时，生成的作品依次为图 3-20～图 3-22。

图3-20 --iw 0.5

图3-21 --iw 1.5

图3-22 --iw 2

由此可见，iw 值越大，生成的图像越接近参考图；iw 值越小，生成的图像越倾向于遵循提示词的内容。参考图像的权重比例如下。

► 无 --iw 参数时，表示默认 20% 参考图像，80% 参考提示词。

► 使用 -- iw 1 时，表示 50% 参考图像，50% 参考提示词。

► 使用 -- iw 2 时，表示 67% 参考图像，33% 参考提示词。

3.9 样式：--style

使用 --style 参数可以设定图像的样式。V4 版本中，--style 参数的可选项有 4a、4b 和 4c。

在输入框中输入 /imagine，并输入如下提示词。

Prompt： a cute panda, wearing Chinese tradition costume, cute 3D dolls --v 4 --style n
提示词： 一只可爱的熊猫，穿着中国传统服饰，可爱的 3D 玩偶 -- 版本 v4 -- 样式 n

其中，n 依次为 4a、4b、4c 时，生成的作品依次为图 3-23 ～图 3-25。

图3-23 --style 4a

图3-24 --style 4b

图3-25 --style 4c

由此可见，在 V4 版本中，4a、4b 和 4c 的风格化效果各不相同。此外，它们对图像尺寸的兼容性也有所差异。

▶ 4a 和 4b 仅支持 1∶1、2∶3 和 3∶2 的宽高比。

▶ 4c 支持介于 1∶2 和 2∶1 之间的任何宽高比。

除非有特殊需求，否则建议读者使用 V5 及其后续版本，因为这些版本是基于 V4 进行算法升级的。在 V5 及其后续版本中，不再提供 4a 等样式选项。

若在 V5 及其后续版本的提示词末尾添加 --style raw 参数，可以生成更写实的图像。在 Niji5 版本的提示词末尾依次添加 --style default、--style cute、--style expressive、--style original、--style scenic 参数，会生成不同风格的动漫效果图像。

3.10 停止渲染：--stop

使用 --stop 参数可以指定 Midjourney 在达到特定进度时停止渲染。--stop 的默认值为 100，其取值范围为 0 ~ 100 的任意整数。

在输入框中输入 /imagine，并输入如下提示词。

Prompt：a girl with black hair, wearing a uniform and bow tie around her neck is holding the head of a large glowing silver dragon made from transparent crystal material in front of a dark background wall. The starry sky shines on it. She has exquisite facial features and delicate makeup, with soft lighting illuminating her face. It's like a scene from a movie. The photography has a photorealistic style with a cinematic composition in a full body shot --v 6 --stop n

提示词：一位黑发的女生，穿着校服，脖子上系着蝴蝶结，手中捧着一只由透明水晶材质制成的发光的银色巨龙的头，背景是一面暗色的墙。星空的光芒照耀在场景中。她拥有精致的五官和细腻的妆容，柔和的光线照亮她的脸庞。这就像电影中的一幕。摄影风格为写实风格，采用电影般的构图，全身镜头。-- 版本 6 -- 停止 n

其中，n 依次为 10、33、66 时，生成的作品依次为图 3-26 ～图 3-28。

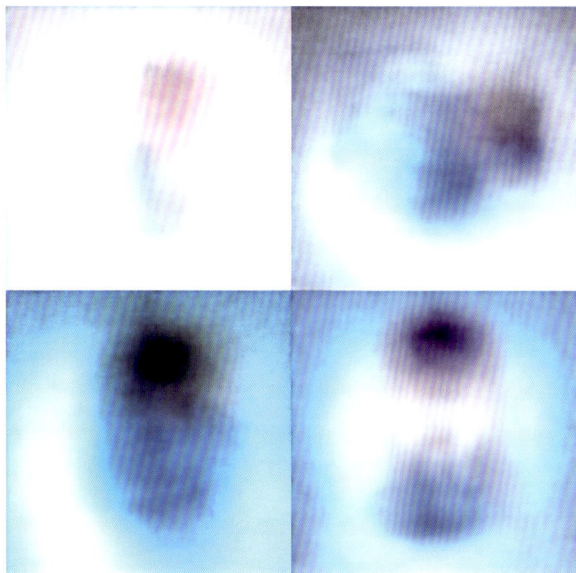

图3-26　--stop 10

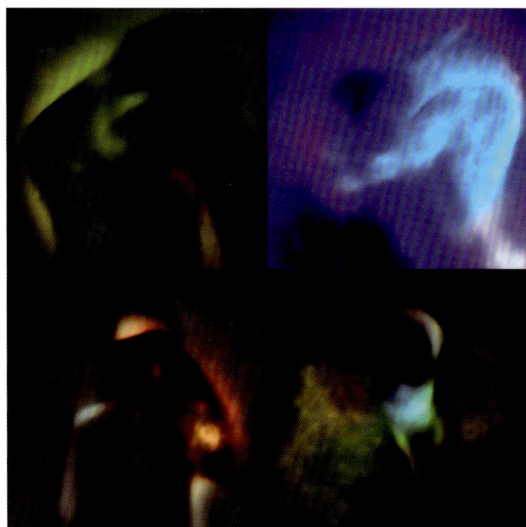

图3-27　--stop 33

图3-28　--stop 66

如果不指定 --stop 参数，则默认进行完整渲染，这与设置 --stop 100 效果相同。stop 值越小，生成的图像就会越缺乏细节，且显得更加模糊。

3.11 无缝图案：--tile

使用 --tile 参数可以生成无缝的重复图块、织物、壁纸和纹理图案。该参数只适用于 V1、V2、V3、V5 及后续版本。

在输入框中输入 /imagine，并输入如下提示词，用无缝方式生成多个熊猫脸的图像，如图 3-29 所示。

Prompt：panda face --v 6 --tile
提示词：熊猫脸 -- 版本6 -- 无缝

图3-29 熊猫脸

图 3-29 中每幅作品都包含重复的元素，非常适合用作壁纸、封面等。

3.12 排除项：--no

使用 --no 参数可以指示 Midjourney 不渲染指定内容。例如，--no red 表示在生成图像中不要包含红色。

在输入框中输入 /imagine，并输入如下提示词，来生成没有红色的苹果，如图 3-30 所示。

Prompt：apple --v 6 --no red
提示词：苹果 -- 版本 6 -- 排除 红色

图3-30 苹果

添加 --no 参数后，图 3-30 中的苹果都没有呈现红色。如果需要排除多个内容，可以在各个内容之间用逗号分隔，如 "--no 内容 1, 内容 2, 内容 3"。添加 --no 参数的效果等同于在提示词中为特定内容设置权重 "内容 ::-.5"，详见 3.19 节。

3.13 重复工作：--repeat

使用 --repeat 参数可以设定对单条提示重复生成图像的次数。目前，本功能仅对标准、Pro 和 Turbo 会员开放。该参数的使用方法是在提示词末尾输入 --repeat 和所需的重复次数 n。对于标准会员，n 的取值范围是 2 ～ 10 的整数；对于 Pro 和 Turbo 会员，n 的取值范围是 2 ～ 40 的整数。重复 n 次就会消耗 n 倍的使用时间。

在输入框中输入 /imagine，并输入如下提示词。

Prompt：panda catching tuna fish underwater --v 6 --repeat 5
提示词：熊猫在水下抓金枪鱼 -- 版本 6 -- 重复 5

按回车键发送指令后，界面会出现重复作业的确认提示，如图 3-31 所示。

图3-31 确认提示

如果单击 Yes，将看到同时开始生成 5 份作品。如果单击 No，则该指令不会执行。单击 Edit Template 可以重新编辑提示词。

3.14 动漫风格：--niji

使用 --niji 参数可以使 Midjourney 生成具有动漫风格的作品。Niji 模型是由 Midjourney 和 Spellbrush 合作开发的，目的是生成具有动漫和插画风格的作品。--niji 参数擅长渲染与动漫、动漫风格以及动漫美学相关的图像。这相当于通过使用 niji・journey 并在 /setting 指令中设置 Niji 版本，具体信息详见 1.6 节。

3.15 个性化微调：--p

使用 --p 参数可以对 V6 版本的模型进行微调，从而生成更具独特风格的图像。具体使用方法如下。

第一步：进入 Midjourney 官网的 Rank Images 版块，完成至少 200 组图像评级，如图 3-32 所示。在这个过程中，系统会记录下用户的风格偏好，并据此对原始模型进行风格微调。用户选择图像的过程实际上就是在训练 lora 模型。这一步是必需的，如果不完成，则无法使用个性化（Personalization）功能。

第二步：在提示词末尾加上 --p 参数并发送，生成的图像将展现出用户的专属风格，与默认模型有显著差异。系统还会提供相应的个性化代码。如图 3-33 所示，作者的个性化代码为 xoh7m29，其他用户也可以使用这个代码。该代码对应的风格比默认模型更明亮、柔和。每个用户的个性化代码都是独一无二的，并且可以分享。使用他人的个性化代码就相当于在生成图像时采用了他的专属风格。

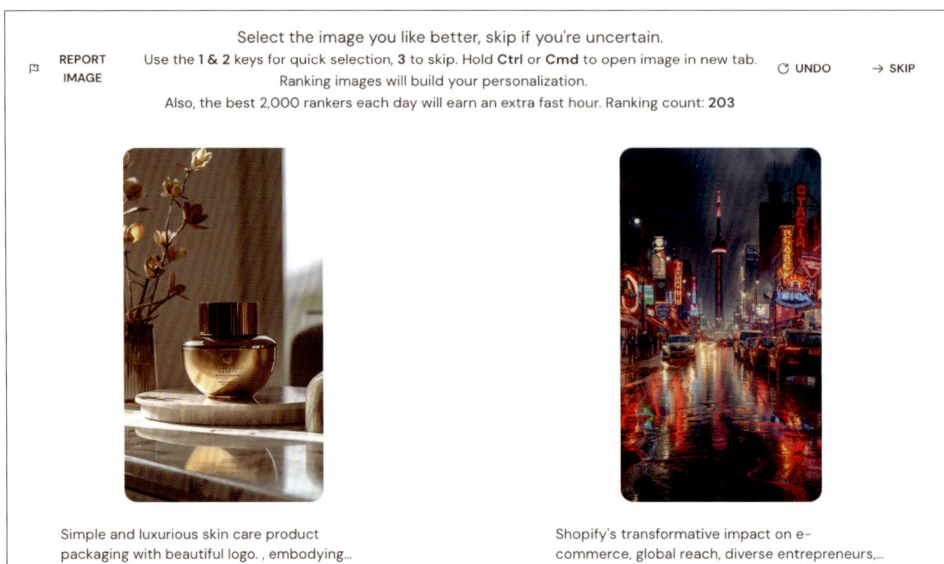

图3-32　图像评级页面

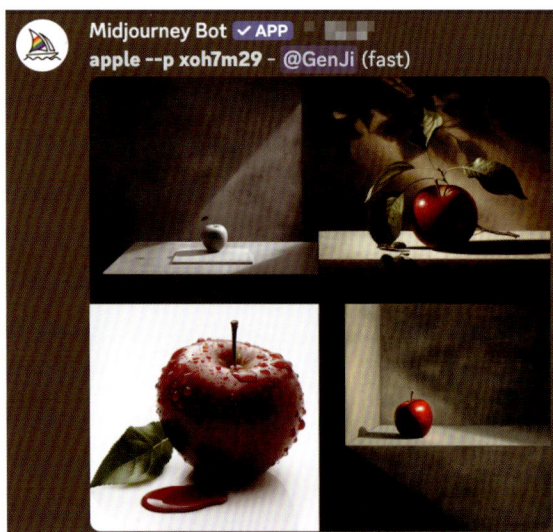

图3-33　个性化代码

> **说明**
>
> 除了在提示词后添加 --p 使用个性化微调，还可以通过单击 Personalization 标签（位于图 2-1 的第 3 行）来启用该功能。

3.16　风格参考：--sref 和 --sw

使用 --sref 参数可以实现风格的一致性或风格迁移。通过上传图像作为风格参考，可以在生成图像时维持特定的样式。这里参考的主要是图像的色彩和格调。具体使用方法如下。

上传需要学习风格的图像，数量可以是单张或多张。上传样图后的界面如图 3-34 所示。接着，依次获取样图链接。上传图像和获取链接的方法详见 1.4.3 节。

图3-34 上传样图后的界面

在输入框中输入 /imagine，并输入对应的提示词，不同的样图链接用空格隔开，生成的作品如图 3-35 所示。图 3-35 成功融合了两张样图的风格和色调，并且呈现效果很好。

此外，使用 --sref 参数时，还可以搭配 --sw 参数，--sw 的取值范围为 0 ～ 1000，默认值是 100。数值越小表示参考风格的程度越小，数值越大表示参考风格的程度越大。例如，在生成图 3-35 的提示词末尾加上 --sw 1000，生成的作品如图 3-36 所示。

图3-35 生成的作品

Prompt：a little boy, reach the top of the mountain, overlooking the long river below the mountain, sunset, beautiful scenery, translucent colors --sref url1 url2

提示词：一个小男孩，到达山顶，俯瞰山下的长河，日落，美丽的风景，半透明的颜色 -- 风格参考 样图 1 的链接 样图 2 的链接

Prompt： a little boy, reach the top of the mountain, overlooking the long river below the mountain, sunset, beautiful scenery, translucent colors --sref url1 url2 --sw 1000

提示词： 一个小男孩，到达山顶，俯瞰山下的长河，日落，美丽的风景，半透明的颜色 —— 风格参考 样图 1 的链接 样图 2 的链接 —— 风格参考程度 1000

图3-36　加上--sw 1000后生成的作品

目前，--sref 参数仅适用于 V6 和 Niji6 模型，使用时，请确保在提示词中添加 --v 6 或者 --niji 6。如果需要引用多个链接，可以结合权重操作（详见 3.19 节）进行个性化设置。例如，--sref url1::5 url2::3 url3::1 中，:: 后面的数字表示对前面链接的参考程度，数字越大，该样图的参考权重越高。

3.17　角色参考：--cref 和 --cw

使用 --cref 参数可以确保生成的人物保持一致性。目前，该参数仅适用于 V6 和 Niji6 模型，也可结合权重操作进行个性化设置。具体使用方法如下。

上传需要参考的角色图像，数量可以是单张或多张。完成上传后，效果如图 3-37 所示。接着，获取样图的链接。

在输入框中输入 /imagine，并输入如下提示词，来生成小男孩为自己加油的图片，如图 3-38 所示。

图 3-38 展示的 4 张图像中的人物形像与样图保持了高度的一致性。

此外，使用 --cref 参数时，还可以搭配 --cw 参数，--cw 的取值范围为 0 ～ 100。数值越小表示参考角色风格的程度越小，数值越大表示参考角色风格的程度越大。例如，在生成图 3-38 的提示词末尾分别加上 --cw 0、--cw 50、--cw 100，生成的作品如图 3-39 ～图 3-41 所示。

图3-37 上传样图

图3-38 小男孩为自己加油

Prompt: a little boy, clenched fists, I'm cheering myself up, in the classroom --cref url1

提示词: 一个小男孩,紧握着拳头,在教室里为自己加油 -- 角色参考 样图 1 的链接

图3-39　--cw 0

图3-40　--cw 50

图3-41 --cw 100

3.18 视频展示生成作品的处理过程：--video

使用 --video 参数可以将作品的生成过程以视频形式展示。具体使用方法如下。

▶ 在任何提示词（如 apple）的末尾添加 --video，如图 3-42 所示。

▶ 生成图像后，右击图像，在弹出的快捷菜单中选择添加反应→envelope，如图 3-43 所示。

▶ 稍作等待，Midjourney 将会回复一条私信，其中包含视频的播放地址和预览图，单击链接即可观看生成作品的视频，如图 3-44 所示。

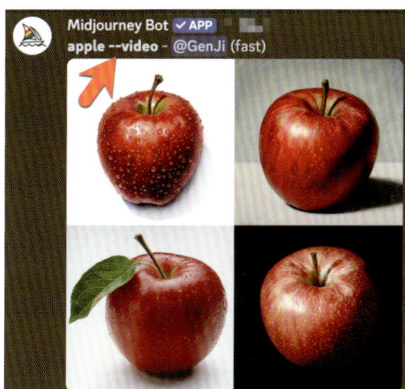

图3-42 --video 演示

图3-43 选择envelope

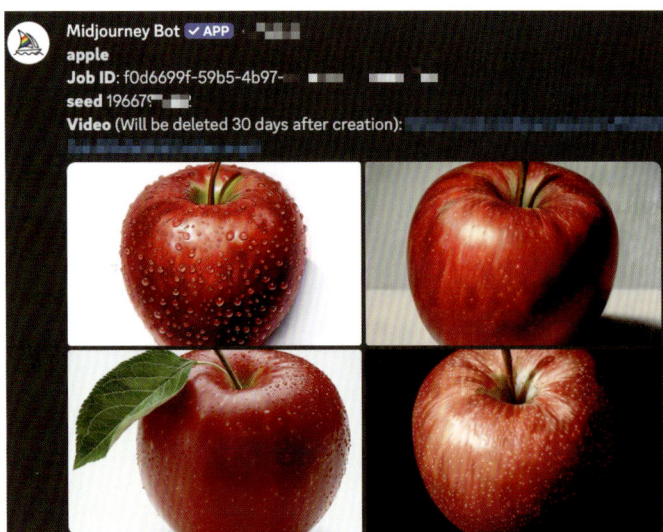

图3-44　私信中包含视频的播放地址

3.19　权重：::

在 Midjourney 中，可以使用 ::（两个英文半角冒号）来指定提示内容的权重比例，从而提高指定内容在 Midjourney 中的绘制权重。通过在 :: 后加 "数字 空格"，可以为不同的概念分配不同的权重，这样生成的图像在内容上会相应地产生变化。

在输入框中输入/imagine，并输入对应提示词，来生成热狗的图像，如图 3-45 所示。

Prompt：hot dog --v 6
提示词：热狗 -- 版本 6

图3-45　热狗

再在输入框中输入 /imagine，并输入对应提示词，添加 :: 后生成的作品如图 3-46 所示。

Prompt：hot:: dog --v 6

说明
提示词中的 :: 和 dog 之间有一个空格。

图3-46 添加::后生成的作品

此时，hot dog 被分成了两个不同的概念——hot 和 dog。

现在，在 :: 后加数字可以设置这两个概念的权重，例如图 3-47 及其对应提示词。

Prompt：hot::4 dog:: 2 --v 6

说明
本提示词表示 hot 所占的权重是 dog 的两倍。

图3-47 添加数字后生成的作品

通过对比图 3-45～图 3-47 可知，仅添加::相当于在提示词中添加逗号（,）进行分隔。更常用的操作是在 :: 后加一个数字，这样可以增加 :: 之前的内容的权重，使其在画面中更加突出。以下是关于 :: 的说明。

> ▶ 如果 :: 后没有数字，则默认权重值为 1。

> ▶ V1 至 V3 版本中，只能输入整数作为权重。V4 至 V6 版本中，可以输入小数或负数作为权重值，例如 "::2.3" 或 "::-.5"，但所有的权重值的总和必须大于 0。例如 "A::-2 B::-1" 会报错，因为（-2）+（-1）小于 0。如无特殊需求，建议读者使用正整数。

> ▶ :: 的作用与传入的具体数字无关，而与数字间的比例有关。以下写法都表示 hot 的权重是 dog 的两倍：hot::2 dog、hot::400 dog::200、hot::5.4 dog::2.7、hot::2 dog::-1。

> ▶ :: 会增加其前面的所有提示词的权重，直到出现新的 :: 为止。例如：blue::2, galaxies, painting::1.5, panda::5, crown, flower::3。从左至右，第一个 :: 影响 blue 的权重为 2，第二个 :: 影响 galaxies 和 painting 的权重为 1.5，第三个 :: 影响 panda 的权重为 5，第四个 :: 影响 crown 和 flower 的权重为 3。虽然 panda 在提示词靠后的部分，但权重最高，因此生成的图像仍会以 panda 为主。

> ▶ "::-.5" 的作用与 3.12 节中的参数 --no 相同，都表示排除指定元素。例如，"a cute panda, 3D dolls:: red::-.5" 和 "a cute panda, 3D dolls --no red" 这两条提示词都表示 "可爱的熊猫，3D 玩偶，排除红色"。

通过设置 ::，可以精确地设置提示词中的各个内容的权重，以尽可能实现我们想要的图像效果。

3.20 组合：{}

使用 {} 可以在同一提示词中组合指定词语，从而批量创建提示词。目前，本功能仅对标准、Pro 和 Turbo 会员开放。

在输入框中输入 /imagine，并输入如下提示词，输出的提示内容如图 3-48 所示。

Prompt： a cute panda --ar {1:1,3:4,16:9} --v 6
提示词： 一只可爱的熊猫 -- 尺寸 {1:1,3:4,16:9} -- 版本 6

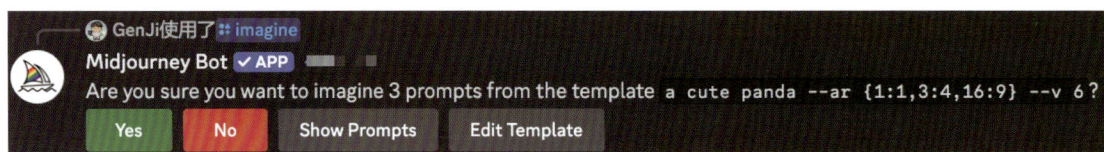

图3-48　输出的提示内容

使用 {} 的上述提示词等同于使用以下 3 条提示词:

```
a cute panda --ar 1:1 --v 6
a cute panda --ar 3:4 --v 6
a cute panda --ar 16:9 --v 6
```

因此,在图 3-48 中,Midjourney 会提示我们确认是否使用组合功能,因为这相当于消耗了 3 倍的时长。如果单击 Yes 按钮,将会看到生成 3 组作品。

在提示词内容和参数中,不仅可以使用 {},还可以使用多个,如以下提示词:

```
a {cyberpunk,technology,art} {panda,cat} --v 6
```

上述提示词等同于以下提示词:

```
a cyberpunk panda --v 6
a technology panda --v 6
a art panda --v 6
a cyberpunk cat --v 6
a technology cat --v 6
a art cat --v 6
```

> **说明**
>
> 在 {} 中的内容使用英文逗号 (,) 分隔,不同 {} 间用空格分隔。例如,如果第一个 {} 中有 5 个词,第二个 {} 中有 4 个词,那么总共就会产生 5×4=20 组提示词。建议在提示词中不要使用超过 2 个 {},并且组合内容应尽量精简,以避免时间消耗成倍增加。

第 4 章

商业案例

海报设计

案例1　儿童节海报

提示词结构主要由**构图**、**主体**、**风格**、**后缀**这 4 部分组成。本节将制作一幅儿童节主题的海报。

构图　＋　风格

主体　　　后缀

- 调用 /settings 指令，选择模型为 Niji 6，风格化选择 Stylize med（相当于 --s 100）。

- 调用 /imagine 指令，并输入对应的"魔法咒语"。

▶▶▶▶

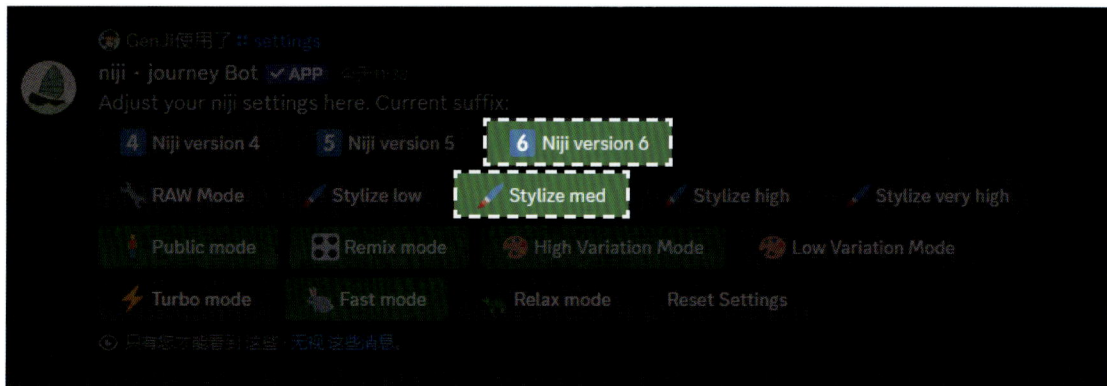

魔法咒语 ~

构图	mid-range, heads-up 中景，平视
主体	a girl frolicking in the water, cute and lively Chinese cartoon characters, exaggerated character expressions, coconut tree 一个在水里嬉戏的女孩，活泼可爱的中国卡通人物，夸张的人物表情，椰子树
风格	clean and crisp background, children's poster design, create a joyful atmosphere for summer 干净简洁的背景，儿童节海报设计，营造夏日的欢乐氛围
后缀	--ar 3:5 --niji 6（本节不再对后缀进行翻译）
提示词	mid-range, heads-up, a girl frolicking in the water, cute and lively Chinese cartoon characters, exaggerated character expressions, coconut tree, clean and crisp background, children's poster design, create a joyful atmosphere for summer --ar 3:5 --niji 6

• 在多次生成图像的过程中，左图中虚线框内的 2 幅图像还算不错。

• 单击 U 将它们放大，并使用设计软件 PS 或 Figma 对它们进行排版等后期处理。

小建议

在使用 PS **添加文字**进行排版时，很容易与背景叠加在一起，颜色比较杂乱，因此需要分别给它们**添加一个渐变遮罩**。

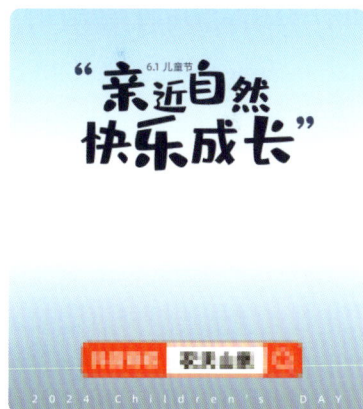

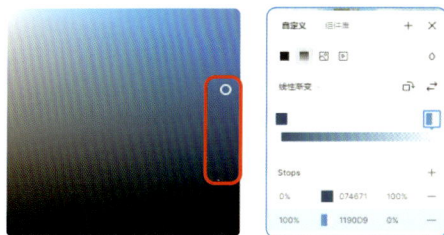

渐变的颜色需要与背景色一致，一般是**吸取画面中最暗的部分**。如果颜色不够深，还可以在原有的基础上再调暗一点。

此时，如果觉得画面的饱和度过高，还可以调整画面的饱和度。本例通过**降低饱和度、提升对比度**，同时使整体的色调略微偏向蓝色，营造出层次感。

原图像

调整图像

调整完毕

观察本例在生成图像阶段选出的第 2 张图，可以发现该图本身具有一些类似 logo 的元素。对此，一般有两种处理方法。

1 第一种方法是局部重绘，框选字符的部分将其改为天空。此时，图片上方的一片蓝色会显得很不协调。

2 第二种方法也是局部重绘，框选上方的一大片天空，并增加白云和蓝天的关键词：blue sky and cloud。此时，画面会更加丰富。

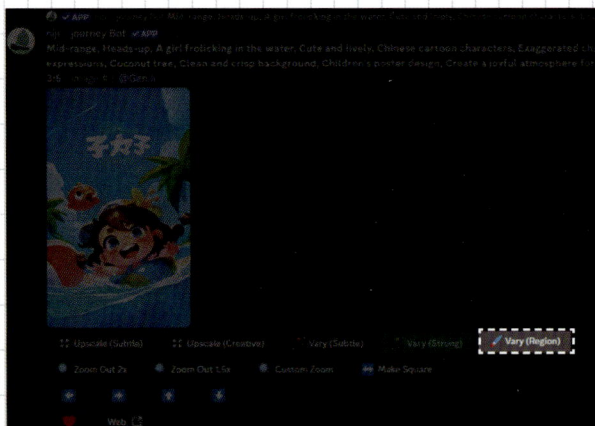

单击 Vary (Region) ，进行**局部重绘**。

- 第一种方法只框选有字符的部分。
- 第二种方法框选画面大部分的天空。

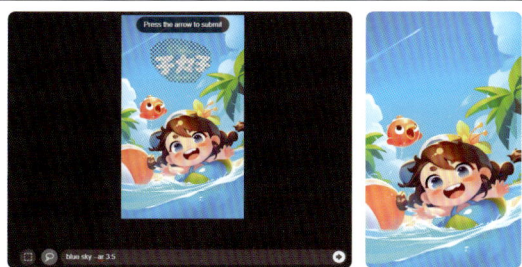

第一种方法图像上方会很空

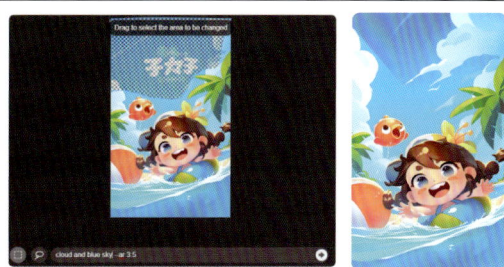

第二种方法图像上方比较丰富

勾选画框里的**裁剪内容**，可以微调插图。也可以使用 PS、Sketch 软件中的**裁切**实现微调。

这样，我们就顺利地完成了一张海报的创意设计！如果想要生成其他节日海报，使用上述方法也可以实现。

案例2 处暑海报

接下来，设计一个处暑主题的海报。

魔法咒语 ~

close range, heads-up, symmetrical composition, a little girl, on a watermelon boat, smile happily, look at the camera, lotus leaf, the environment is abundant, pastel colors, soft brushstrokes, blue-green hues, perfect ambient light, Illustration style, ultra-high quality, a wealth of details --niji 6 --ar 3:5 --s 400

近景，平视，对称构图，一个小女孩，在西瓜船上，开心地笑着，看着镜头，荷叶，丰富的环境，轻柔的颜色，柔和的笔触，蓝绿色色调，完美的环境光，插画风格，超高画质，丰富的细节 --niji 6 --ar 3:5 --s 400

现在，开始多次生成图像，并选出心仪的图像。

上图虚线框中的图像还不错，但也有一些问题。**先单击 U2 放大图像**。下面，对细节进行调整。

- 角色的手部姿势存在扭曲，故使用**局部重绘**工具对其重新绘制，并增加新的关键词：two hands。
- 小女孩脸部的颜色有点偏黄、灰暗，**需使用 PS 将其调亮**。
- 画面的整体色调偏青绿色，可以**往蓝色回调一点**。
- 为处理好的图像**添加文字装饰**。

  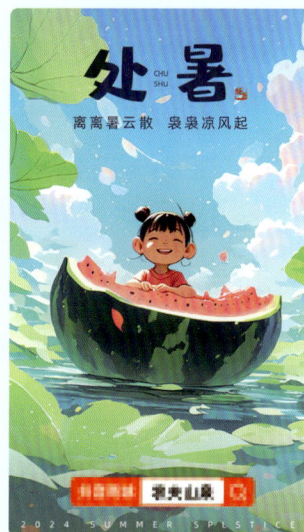

🖼 原图像	┷ 修复手、调整颜色	⊞ 调整排版

🖼 原图像	🖼 调整排版	🖼 原图像	🖼 调整排版

使用上述方法就可以批量产出海报了，我们还可以**根据具体的需求来调整画面的布局、颜色等**。

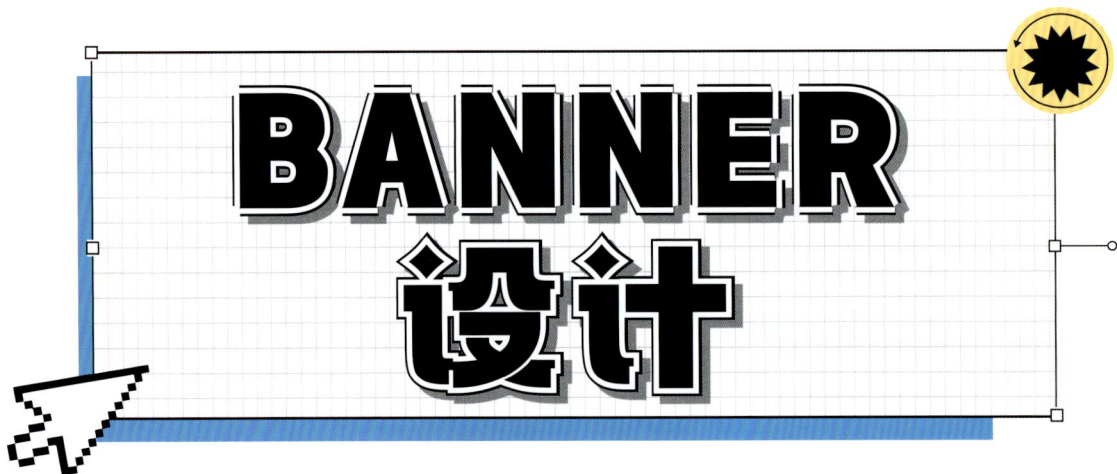

案例1 ▸ 电商BANNER

电商 BANNER 与竖版的海报有很大的区别，电商 BANNER 的长宽比是 16∶7。不过，二者的生成方式大致相同。本例将制作劳动节主题的 BANNER。

魔法咒语～

side view, left and right composition, upper body of character, mid shot composition, International Labour Day posters, an old man in a straw hat, outdoor scene, the blue sky and white clouds, flat illustration, in the style of anime aesthetic, He Jiaying, warm yellow image, warm color tones, high definition, natural light, ultra high quality 8K, best quality --s180 --niji 6 --ar 16:7

侧面视角，左右构图，人物上半身，中景构图，五一国际劳动节海报，一位戴着草帽的老人，户外场景，蓝天白云，扁平化插图风格，动漫美学风格，何家英风格，温暖的黄色图像，暖色调，高清晰度，自然光，超高画质 8K，最佳画质 --s 180 --niji 6 --ar 16:7

生成图像后，可以将画面适度向左延展，以便为文字排版预留充足的空间。

原图像

调整完毕

案例2 ▶ 胶囊BANNER

> 设计胶囊 BANNER 更为简单，只需要生成一个特定元素。本例将制作中秋节主题的胶囊 BANNER。

▶▶▶▶

魔法咒语～

①

the mooncake design with two rabbits, in the style of 2d game art, dreamlike illustrations, made of cheese, editorial illustrations, graphic design-inspired illustrations, high resolution --ar 1:1 --s 50 --niji 6 --style cute

这款月饼设计有两只兔子，采用 2D 游戏艺术的风格，梦幻般的插图，由奶酪制成，编辑插图，平面设计灵感插图，高分辨率 --ar 1:1 --s 50 --niji 6 --style cute

---

②

cute brown rabbits on moon with fish hanging, in the style of He Jiaying, white and navy, Nightcore, Sandara Tang, Qian Xuan, brightly colored, Mingei --ar 1:1 --s 50 --niji 6

可爱的棕色兔子挂在月亮上，挂着鱼，何家英风格，白色和海军蓝，Nightcore（音乐风格），Sandara Tang，钱选，色彩鲜艳，日本民间艺术 --ar 1:1 --s 50 --niji 6

电商设计

用 Midjourney 设计电商图像不仅大幅提升了工作效率，而且无须昂贵的设备也能制作出大片级别的优质图像。

魔法咒语 ~

close range, a detailed photograph of sophisticated skincare bottle, a bottle made of obsidian, foreground focus, skin care photography, in an airy minimalist setting, the background is a pale, blurred, soft-light environment, reflective surfaces, subtle shadows, clean lines, minimalist design, luxury product photography, soft natural lighting, elegant presentation, hd quality, natural look --ar 3:4 --v 6.1

近距离拍摄，精致的护肤瓶特写，由黑曜石制成的瓶子，前景聚焦，护肤品摄影风格，在简洁的环境中拍摄，背景是淡色、模糊、柔和的光线环境，具有反射特性的表面，微妙的阴影，干净的线条，简约的设计，奢侈品摄影，柔和的自然光线，优雅的呈现，高清质量，自然的外观 --ar 3:4 --v 6.1

步骤——01

选取生成的第一张图像，在 PS 中**使用套索工具**，框选主体区域。

框选主体

步骤——02

使用创成式填充功能，消除原主体。

消除主体

步骤——03

放置新产品。如果石头的尺寸还是大于新产品的尺寸，即新产品不足以遮挡石头，则可以**使用液化工具（Shift+Alt+X）对石头进行推拉**，使新产品可以完全遮挡石头。

步骤——04

使用变换工具和透明度工具制作新产品的倒影。

放置新产品，并添加倒影

盲盒设计

本节的盲盒设计指的是平面设计，用户可以自己决定风格、配色和形态。

案例1 盲盒平面形象

魔法咒语~

blind box style, a complete view, an anthropomorphic tiger, cool and sporty, pop mart, exquisite features, wholebody, refreshing, soft solid color background, mid-range, CG rendering, IP, 3D rendering, high detail, 3D, C4D, depth of field, 8K, high quality --s 400 --ar 3:4 --niji 6

盲盒风格，完整的视图，一只人形老虎，超酷运动风，POP MART，精致的特征，全身，清爽，柔和纯色背景，中景，CG 渲染，IP，3D 渲染，高细节，3D，C4D，背景虚化，8K，高质量 --s 400 --ar 3:4 --niji 6

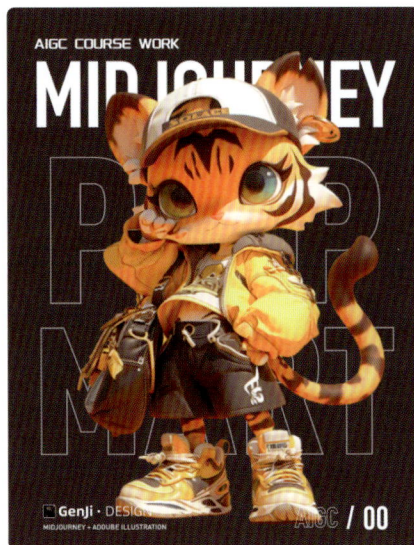

案例2 盲盒形象的三视图

在进行三视图设计时，记得**把比例切换为 16：9**，并在提示词中**介绍前、侧、后 3 种视图**。

魔法咒语~

full body, generate three views, namely the frontview, the side view and the back view, an anthropomorphic tiger, cool and sporty, stylishclothes, blind box style chibi, bubble mart, IP design, simple background, natural light, 3D models, OC rendering, figure, C4D, blender, best quality --niji 6 --s 400 --ar 16:9

全身，生成 3 种视图：前视图、侧视图和后视图，一只拟人化的老虎，酷感十足、运动风，时尚服装，盲盒风格的迷你人物，Bubble Mart，IP 设计，简单背景，自然光，3D 模型，OC 渲染，人物造型，C4D，Blender，最佳画质 --niji 6 --s 400 --ar 16:9

人像写真

Midjourney 的出现对传统的摄影行业造成了很大的冲击，人们足不出户就可以完成人像写真。

案例1 梦幻写真

魔法咒语~

a street style portrait of a beautiful 18 years old model, asian face, facing the camera, in a fantasy world, sky and balloons and flowers behind her, soft-tone light blue and light gray and dark pink world, 8K, hyper-detailed, using CineStill 800T --ar 3:4

一张街头风格的 18 岁美女模特的肖像，亚洲面孔，面对着镜头，在一个迷人的世界里，天空、气球和鲜花在她身后，柔和的浅蓝色、浅灰色和深粉色的世界，8K，超详细的细节，使用 CineStill 800T --ar 3:4

本案例选取生成的第一张图像。想要完成人脸替换，还需要 **insightface 插件**。

步骤——01

选择 /saveid 功能，添加一张待换人脸的图像，将其命名为 004。然后，右击生成的图像，选择 App，**选择 INSwapper**。

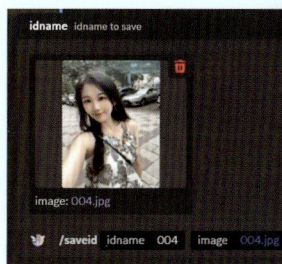

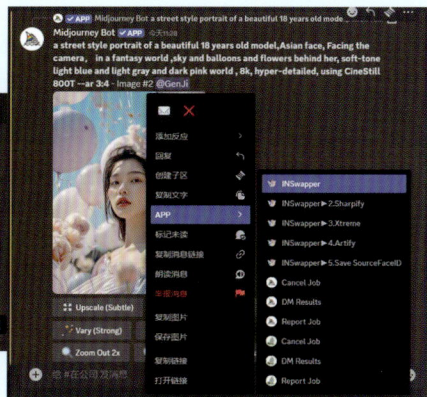

如果设置的图像数量很多，可以使用 /listid **查看图像排序**，也可以使用 /setid **设置初始数值的图像**。

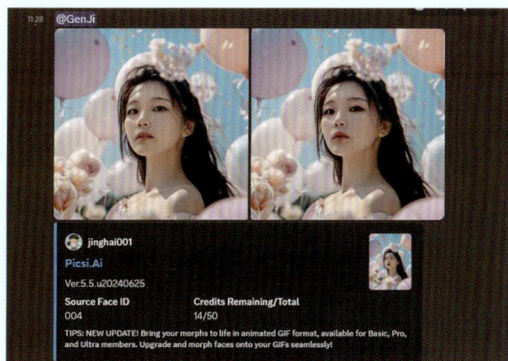

步骤——02

替换完成之后，系统会给一个反馈信息，此时就完成了一次人脸替换。

原始图像

生成图像

替换脸部之后的图像

此外，还有第二种方法可以替换人脸，甚至是人物的外貌或衣服。本方法可以概括为**局部重绘与 cref 参数的结合**。

步骤——01 上传待换人脸的图像，并获取该图像的链接。

- 单击加号，再单击上传文件
- 按回车键发送
- 单击复制链接

步骤——02

单击 Vary（Region），打开局部重绘功能。

步骤——03

框选需要修改的区域，并在关键词后加上**--cref 参数**，以及已复制好的图像链接。

步骤——04

按 U 键放大图像，就完成了人脸替换。

案例2 ▶ 证件照

人脸替换功能在制作证件照时也格外好用。首先，生成一个模特的图像。

魔法咒语~

a girl, 18 years old, long blonde hair, asian face, upper body, Korean-style suits, tie, certificate photo, photographer lights --ar 3:4

一个女生，18岁，金色长发，亚洲面孔，上半身，韩式西服，领带，证件照，摄影师灯光 --ar 3:4

步骤——01

对第二张图像进行放大。

步骤——02

使用 /saveid 上传一张待换人脸的人物素材图像，命名为 005。

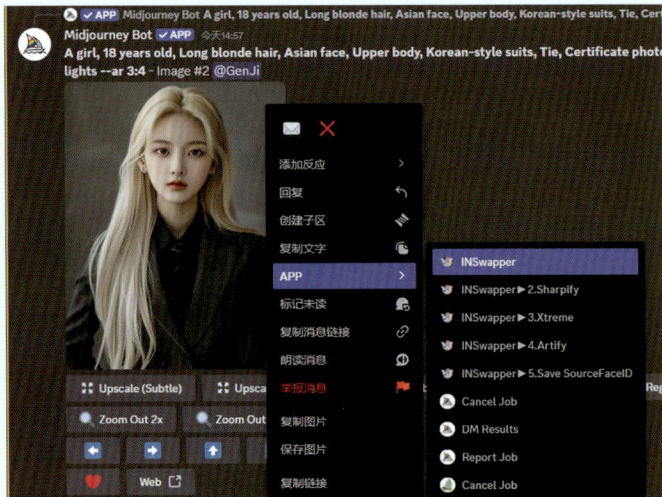

右击生成的图像，选择 APP，再**选择 INSwapper**。

步骤——03

等待系统反馈生成成功。

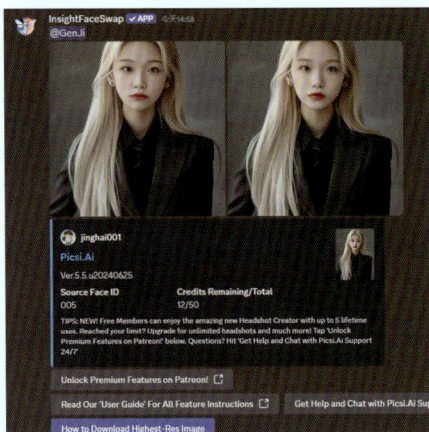

步骤——04

选择合适图像进行保存。

生成图像　　　　替换图像

以上案例是对人脸进行替换，你可以发挥想象，实现服装、发色、脸型的自定义。

真人转绘头像

Midjourney 可以**通过垫图 +（风格）关键词**生成具有垫图类似风格的图像。

垫图部分

图像生成

放大图像

魔法咒语 ~

垫图 +handsome boy, black hair, looking at the camera, portrait, pixar style, 3D art, C4D rendering, vivid, 8K resolution, super details, best quality --iw 1/1.5/2

垫图 + 英俊的男孩，黑色的头发，看着相机，肖像，pixar 风格，3D 艺术，C4D 渲染，生动，8K 分辨率，超级细节，最佳质量 --iw 1/1.5/2

此处使用的 iw 值为 2。

批量头像

案例1 ▶ 相同风格的头像

当我们看到一张好看的图像，想参考这种风格批量产出图像时，可以用 **--sref** **和 --sw 参数**。其中，--sref 用于参考风格，--sw 用于设置参考的权重，本例的 --sw 使用默认值（100）即可。以下是本例要参考的两张图像。

参考图像 1

参考图像 2

魔法咒语 ~

portrait of a person, girls, half-length head design, mid-range, disney style --ar 1:1 --niji 6 --sref url1 url2

人像，女孩，半身头像设计，中景，迪士尼风格 --ar 1:1 --niji 6 --sref url1 url2

其中，url1 和 url2 分别是参考图像 1 和参考图像 2 的链接，如果想要批量产出就在提示词后面加上 --r 8/10。

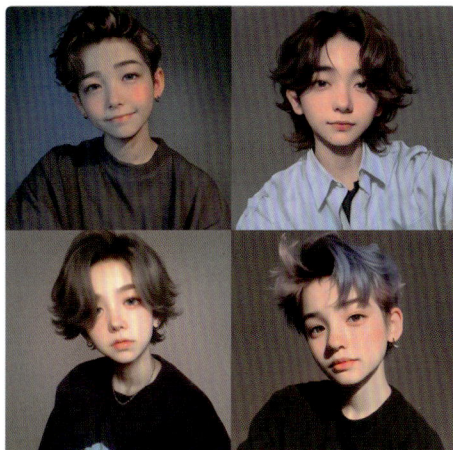

将提示词中的 girls

替换为 boys

女孩版本

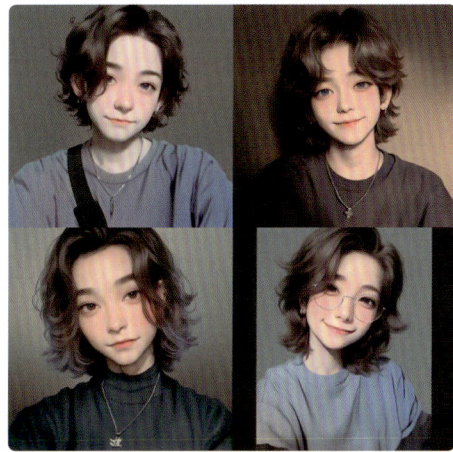

男孩版本

此处不能使用垫图的原因在于**垫图更倾向于对原图布局、形态的固定**。--sref
参数更倾向于保持色彩、画面线条形式的固定。使用 --sref 参数可以生成各
种形态各异的图像，但是仍然可以保持风格的一致性。

案例2　人物素材集

本案例将根据一张全身照，制作人物素材集。通俗来说，生成的多张图像既要参考角色形象，又要参考风格。因此，需要使用 --sref 参数和 --cref 参数。本例的 --sw 和 --cw 都使用默认值（100）即可。以下是本例要参考的全身照。

魔法咒语~

a boy is drinking coffee, lost in thought --sref url3 --cref url3 --niji 6

一个男生正在喝咖啡，沉思 --sref url3 --cref url3 --niji 6

此处，不对尺寸进行限制，默认尺寸状态为 3∶4。后续男生的状态可以换成玩手机、摸头、比耶、举手等。

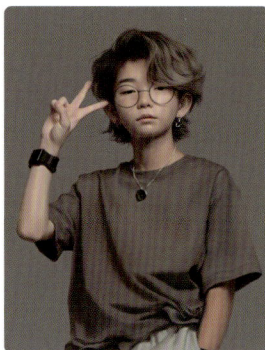

由此可见，**--cref 参数可用于批量制作同一角色、动物的连贯形象**，这可以很大程度地满足用户对特征一致性的需求。

壁纸制作

案例1　计算机壁纸

Midjourney 可用于制作壁纸。本例将制作一张高级的、具有暗黑风格的壁纸。

魔法咒语~

planetary surface, the moonlight shines, advanced, deep black and silver, a clean background, very simple wind, mountains, calm, sense of flow --ar 16:9 --v 6.0 --style raw

行星表面，月光照耀着，高级感，深黑色和银色，干净的背景，非常简单的风，大山，平静，流动感，--ar 16:9 --v 6.0 --style raw

左侧是生成的干净、静谧的视觉大片。如果想生成太空、沙漠、海洋，只需要把关键词中的主体（planetary surface）换成对应的 space、desert、ocean。生成图像的尺寸参考自己计算机的屏幕尺寸（通常是16:9）。

保存喜欢的图像，我们可以使用一些**放大工具（Upscayl）**对其进行放大。

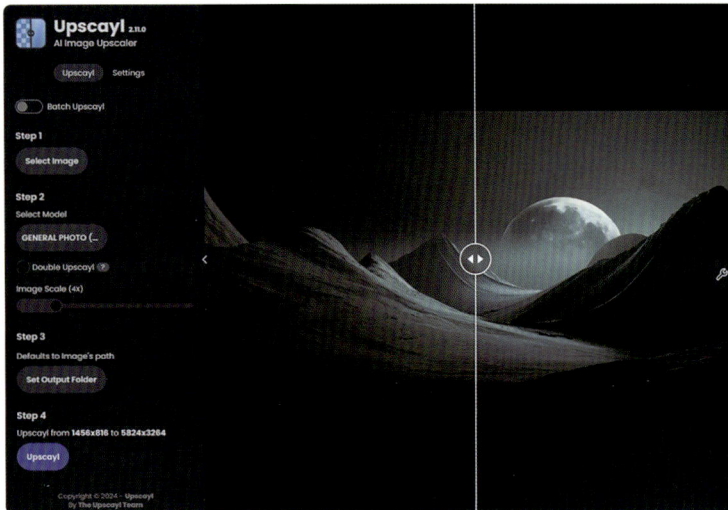

- 上传图像，再选择放大的倍数。
- 单击放大图像就可以轻松得到 2K、4K 高清大图。
- 拖动鼠标可以对比查看放大前后的图像。

如果想使用竖板的壁纸，那么你既可以直接裁切原图像，也可以修改尺寸。如，把 16 : 9 的尺寸修改为 9 : 16。

案例2 ▶ **PPT背景图**

壁纸以视觉感为主，PPT 背景图则对素材的要求相对简约。本次操作记得**提前切换 V 5.2 版本**，这样生成的成品的颜色会更加柔和，成品的形式也会更加简约。

魔法咒语 ~

sky blue and white, abstract background, flowing lines, arc line, soft light and shadow, bold color choices, simple background --ar 16:9 --v 5.2

天蓝色和白色，抽象背景，流动的线条，弧线，柔和的光影，大胆的颜色选择，简约背景 --ar 16:9 --v 5.2

我们可以在这些简约的 PPT 背景图上进行文字排版，还可以**使用 PS 调整曝光、饱和度、对比度等。**

样机制作

案例1 ▶ 海报样机

通常，我们通过某宝获取样机。为了避免撞款，我们可以通过 Midjourney 自行制作样机。

推荐使用 V6 版本，尽量让风格简约一些，以突出样机主体。

魔法咒语~

empty prototype, coffee shop, with an empty poster hanging on the wall, minimalist, European modern style, decorative art, natural lighting --v 6

空样机，咖啡店，墙上挂着一张空荡荡的海报，极简主义，欧洲现代风格，装饰艺术，自然采光 --v 6

然后，利用 PS 制作样机。将目标图像拖入 PS，并执行以下步骤。

步骤——01

红色区域是计划放置海报的区域。在 PS 中，**按 U 键（矢量矩形工具）**，绘制一个与画框尺寸相同的矩形。

步骤——02

按 **Ctrl+T 组合键**对矩形进行放大（初始图像一定要大），放大2倍或3倍。再右击矩形1图层，选择**转换为智能对象**。

步骤——03

图层的右下角出现文件的标志代表转化成功。此时双击该图标，**进入智能对象的内部**。

步骤——04

拖入素材图像，用其**铺满画布**。按Ctrl+S 组合键保存。此时会出现"图层1"。

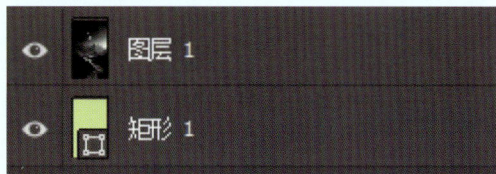

步骤——05

• 返回初始文件，可以看到图像已经保存成功了。此时，这就是一个合格的海报样机了。

• 以后再想生成新的样机，只要进入智能对象内部，替换图像并保存即可。

案例2 ▶ 手机样机

本案例将制作一个商务的、深色系的手机样机。

魔法咒语 ~

iPhone 16 phone, position upwards, close range, office, on the table, dark color system, there is green vegetation around, top view, natural daylighting, minimalism --v 6

iPhone16 手机，向上摆放，近景，办公室，桌子上，深色系，周围有绿色植被，俯视图，自然采光，极简主义 --v 6

步骤——01

- 同本节案例 1，在 PS 中**按 U 键绘制一个矩形**。

- 将该矩形**修改为圆角**，使圆角与手机轮廓相贴合。

步骤——02

右击矩形 1 图层，选择**转换为智能对象**。

步骤——03

双击图层右下角出现的文件图标，**进入智能对象的内部**。再在里面**放置一张图像**。按 Ctrl+S 组合键保存。返回初始文件，可以看到图像已经保存成功了。

步骤——04

考虑到手机屏幕上方的镜头区（用户常称呼其为刘海），**使用蒙版工具**擦除该区域覆盖的新图像。

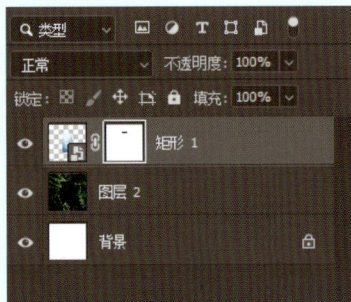

此时，一个完整的手机样机就制作完成了。